수학의 배신

THE MATH MYTH AND OTHER STEM DELUSIONS

수학의 배신

초판 1쇄 인쇄 2019년 3월 4일
초판 1쇄 발행 2019년 3월 11일

글쓴이 앤드류 해커
옮긴이 박지훈

펴낸이 이경민
펴낸곳 ㈜동아엠앤비
출판등록 2014년 3월 28일(제25100-2014-000025호)
주소 (03737) 서울특별시 서대문구 충정로 35-17 인촌빌딩 1층
전화 (편집) 02-392-6903 (마케팅) 02-392-6900
팩스 02-392-6902
전자우편 damnb0401@naver.com
SNS 🅕 🅞 🖂
ISBN 979-11-6363-035-7 (03410)

- 책 가격은 뒤표지에 있습니다.
- 잘못된 책은 구입한 곳에서 바꿔 드립니다.
- 이 도서의 국립중앙도서관 출판예정도서목록(CIP)은 서지정보유통지원시스템 홈페이지(http://seoji.nl.go.
  kr)와 국가자료공동목록시스템(http://www.nl.go.kr/kolisnet)에서 이용하실 수 있습니다.
  (CIP 제어번호: CIP2019007077)

"당신의 좋은 것들을 수학에 빼앗기지 마라
행복은 전혀 다른 것들로 결정된다!"

수학의 배신

앤드류 해커 지음 · 박지훈 옮김

동아엠앤비

차례

1장   거대한 착각   8

2장   무엇을 위해 수학을 공부하는가   24

3장   배관공에게 다항식이 필요한가   42

4장   생각만큼 수학은 중요하지 않다   66

5장   성별 격차는 어디에서 오는가   84

6장   수학적 추론이 우리의 지성을 높이는가   106

7장   수학 마피아   126

$*(a-b)^3 = a^3 - 3ab + 3ab^2 - b^3$

$\cancel{\times} (a+b)^3 = a^3 = 3a^2b + 3ab^2 + b^3$

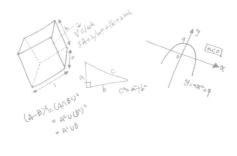

8장   누가 커먼 코어를 지지하는가   148

9장   같은 문제, 다른 관점   165

10장 '수학 머리'가 따로 있는가   182

11장 통계 해석에 필요한 상상력   202

12장 감각적 수리능력 키우기   221

        글을 마치며   244

        주   246

$x^2 + 1 =$ $\dfrac{}{7}$ $= 0;$ 1.283.

$\lim\limits_{x \to a} x = a :$

1.273)

$\sqrt[]{x} =$ $\lim\limits_{h \to 0} \dfrac{}{h(\sqrt{x+h}+\sqrt{x})}$ 1.273) $\lim\limits_{x \to 3}$

$x > 0;\; x \cdot$

$\dfrac{1}{2\sqrt{x}};\; x > 0;$

$\lim\limits_{x \to a} x = a$

$3x^2 + 3xh + h^2 = 3x^2$

$\dfrac{12}{6} = 2;$

$\lim\limits_{x \to 0} \dfrac{\sin x}{x} = 1$ $\lim\limits_{x \to}$

$x_0, x_1, x_2, x_3 \ldots \to a:$

$f(x_0), f(x_1), f(x_2), f(x_3) \to A:$

$\lim\limits_{x \to a} x^2 = a^2;\quad \lim\limits_{x \to \pi} \sin x = 0;$

$\dfrac{\sqrt{x^3}}{\sqrt{x^3 + 1/x^4}}$ $\lim\limits_{h \to 0} \lim\limits_{x \to 0} \dfrac{x}{\sin x} = 1$

$\dfrac{1}{0} = \infty.$ $g(t) \neq 0;$

$\lim\limits_{x \to a} [f(x) \pm g(x)] =$ 1.288) D/g:

1.273,

1.275,

왜 우리는 아무 대안이나 예외를 두지 않고
수학이라는 한 가지 학문에
이토록 큰 에너지를 사용하는 것일까?
회의주의로 가득한 이 시대에,
그 누구도 이러한 데 의문을 품지 않는 것이
흥미로울 뿐이다.

1장

거대한 **착각**

21세기를 맞은 미국은 명예와 자존심을 지켜내려고 고군분투하는 중이다. 미국이 이제 세계 현안에 참견해대는 역량이 모자란다는 증거가 하루가 다르게 쌓여간다. 약소국마저도 미국에 대한 경멸을 감추지 않는다. 20세기는 명실공히 미국의 시대였다. 20세기 중반까지 우리는 제조업 분야의 성공이나 삶의 수준이 어떠해야 하는지를 놓고 세계에 기준을 제시했고, 20세기 후반에는 교육과 군사력에서 월등히 앞서 나갔다. 하지만 앞으로도 그럴 것이라는 전망은 보이지 않고, 다른 나라들이 능력, 효율성, 활력에서 이미 미국을 따라잡은 지 오래다.

예컨대, 미국 앞에는 이런 경고등이 들어와 있다.[1]

- 중국의 연구 논문 발표 순위는 15년도 지나지 않아 14위에서 2위로 올라섰다.
- GE의 연구 개발 인력 대다수는 다른 나라 출신이다.

- 2015년에는 미국의 10개 기업 중 4개만이 미국 특허를 취득했다.
- 미국의 과학 및 공학 분야 학부생 비율은 선진국 가운데 27위에 그친다.

막 시작된 미국의 몰락을 막기 위한 해결책을 찾아야 한다. 내 책상에는 권위 있는 위원회와 자문 기관에서 발간한 보고서가 쌓여 있다. 〈몰려오는 폭풍우〉[2], 〈힘든 선택인가, 힘든 시간인가〉[3], 〈더 늦기 전에〉[4]와 같이 무시무시한 제목을 단 이 보고서들은 하나같이 미국의 부활과 혁신을 부르짖고 있다. 하지만 신기하게도 미국이 문학과 예술에서 뒤처지고, 철학과 인류학이 쇠락해서 걱정이라는 이야기는 들리지 않는다. 그보다 관심이 집중되는 분야는 '스템'STEM이다. 요즘 널리 알려진 STEM이란 약어는 다가오는 미래에 노골적으로 필요할 것으로 '강요받을' 역량을 상징한다. 그들의 조언에 따르면, 우리는 더 많은 두뇌, 시간, 자원을 과학Science, 기술Technology, 공학Engineering, 수학Mathematics에 투입해야 한다.

10년 전, 비즈니스라운드테이블Business Roundtable(미국 200대 기업의 이익을 대변하는 경제 단체─옮긴이)은 미국이 "2015년까지 과학, 기술, 공학, 수학 분야의 학부 졸업생을 두 배로 늘려야"[5] 한다고 촉구했다. 2015년이 지났지만, 이 분야의 졸업생 수는 거의 변하지 않았다. 버락 오바마 대통령이 지명한 한 위원은 최근에, 앞으로 10년간 "과학, 기술, 공학, 수학 분야의 학부 졸업생을 100만 명 가까이 늘려야 한다"[6]라고 주장했다. 미사일 경쟁으로 핵탄두를 탄생시켰던 미국에서, 이제는 STEM 학위를 늘리자는 현안이 초읽기에 들어섰을 정도로 급박해 보인다.

무자비한 세상에서 믿을 건
수학뿐?

　실제로는 수학이 스텝의 중심축인데, 수학은 다른 셋(과학, 기술, 공학)의 핵심이라고 알려졌다. 국가가 경쟁력을 유지하려면 매일 아침 15세의 고등학생 400만 명이 '방위각과 접근선'을 공부해야 한다는 말도 들린다. 고등학교를 졸업하려면 분수 지수를 제곱근 식으로 표기하는 것 정도는 할 수 있어야 하고, 타원방정식 시험도 통과해야 한다는 이야기다. 대학에 진학해 학사 학위를 취득하려 해도 똑같은 벽에 부딪힌다. 수학은 무자비한 세상에서 직장인들에게 강력한 무장이 되어 준다는 말도 들린다. 수학 기술은 혁신의 근본을 이루며, 동시에 인터넷 시대에서 지렛대로 작용한다는 것이다. 최첨단 무기의 시대에는 방위각 하나가 보병 대대가 모인 것보다도 형세를 역전시키는 데 더욱 큰 역할을 담당할 수 있다.

　이처럼 중차대한 최전선에서, 미국 학생은 전 세계 다른 나라 학생보다 현저히 뒤처져 있는 게 사실이다. 미국 학생들의 수학 실력은 이제 에스토니아와 슬로베니아 학생보다도 떨어진다. 하버드 대학교에서 진행한 한 연구에 따르면, 이러한 현실이 계속되면 미국의 GDP는 36퍼센트까지 추락할 수 있다.[7]

　미국학위프로젝트 보고서는 앞으로 등장할 새로운 직업에서 수학 실력이 필요한 비율이 62퍼센트에 달할 것으로 전망한다.[8] 나아가 STEM 기술을 갖춘 졸업생을 이미 찾기 어렵다는 경고음도 들린다. 그 결과

핵심 과업을 해외에 빼앗기거나, 자격을 갖춘 이민자들이 인력의 공백을 메우고 있다. 미래 세대가 당연하게 자기 몫으로 여기는 삶의 질을 누리고 싶다면, 모든 분야 중에 가장 어렵다고 생각하는 분야를 정복하도록 준비해야 한다고 주장한다.

1841년, 스코틀랜드의 찰스 맥카이는 《특이한 대중적 착각과 군중의 광기Extraordinary Popular Delusions and the Madness of Crowds》라는 제목의 책을 출간했다.[9] 그는 거짓말, 사기, 환술幻術이 마녀에 대한 집착에서 전쟁에 이르기까지 얼마나 다양한 가면을 쓰고 등장하는지를 보여주었다. 사회가 복잡해지면서 이른바 식자들을 현혹하려면 겉으로라도 그럴듯해 보일 필요가 있다.

현시대를 사는 우리도 많은 망상 속에서 살아간다. 여러 망상 중에서 특히 수학의 위력을 착각하는 이유는 STEM으로 요약되는 기술을 절박하게 믿는 탓이다. 이러한 맹목적 믿음이 한데 어우러져 이 시대를 지배하는 미신에 숨을 불어넣었다. 모든 미신과 마찬가지로 이 믿음 또한 약간의 진실에서 시작하며, 처음 접하면 꽤 그럴듯해 보이는 것도 사실이다.

하지만 나는 이제부터 왜 이러한 믿음이 대부분 틀리거나 완전히 틀렸고, 사실적 근거 또한 박약하고, 희망 사항에 불과한 논리에 바탕을 두고 있는지 보여주고자 한다. 더욱 중요한 것은 이러한 착각과 환상이 이미 우리에게 엄청난 악영향을 끼치고 있다는 사실이다. 심지어 이 나라를 흥미진진하고 독특하게 만든 위대한 정신조차도 이러한 악영향에 노출되어 있다.

수학이라는 이름의 폭력

나는 20년 전부터 이 책을 기획했다. 원고를 작성하고, 인터뷰를 진행하고, 자료를 수집하기 시작하면서 꾸준히 책의 얼개를 갖추어갔다. 작업 시간 대부분이 다른 프로젝트와 겹치면서 띄엄띄엄 진행할 수밖에 없었지만, 〈뉴욕타임스〉의 편집자들이 2012년에 수학 관련 칼럼[10]을 부탁하면서 이 작업에 온 힘을 쏟을 수 있었다. 칼럼에 대한 반응은 유례를 찾기 힘들 만큼 폭발적이었고, 마치 나에게 이 책을 꼭 마무리해야 한다고 말해주는 것 같았다. 그 후로 이렇게 독자에게 선보인다.

집필 초기를 언급하는 이유는 시간이 꽤 지났는데도 별로 변한 것이 없어 보이기 때문이다. 초반에 진행한 인터뷰는 요즈음도 비슷하게 반복될 모양새고, 사실관계와 수치 또한 마찬가지다. 달라진 게 있다면, 이 책의 핵심 주제인 수학에 대한 미신이 더욱 견고히 자리 잡았다는 점이다. 그래서 필자는 이 책이 전달하는 메시지가 시급하다고 생각한다. 고급 수학 실력은 미국의 다양한 문제를 푸는 해결책이 될 수 없다.

내가 쓴 다른 책들은 인종과 재력에서 기업의 힘, 양성 갈등에 이르기까지 폭넓은 분야에 걸쳐 있다. 또한 철학을 탐구하면서 플라톤, 헤겔, 루소와 같은 거장들을 다루기도 했다. 왜 이번에는 굳이 '수학'을 택했을까? 이 사회는 종종 아무런 합리적 근거 없이 특정한 정책과 관행에 집착하는데 수학은 이러한 부조리를 보여주는 좋은 실례다. 수학을 중시하는 풍조가 쉽게 사라지지 않는 이유는 이 사회에 워낙 뿌리 깊게 박혀 있기 때문이며, 이익 집단이 그러한 분위기를 많이 강요하기 때문이다. 이 문제는 단지 학술 분야에 국한되지 않는다. 수학이라는 장벽은 기회를 박탈하고, 창조성을 억압하며, 이것으로 다양한 재능이 넘치는 사회로 가는 길을 막는다.

저명한 대학의 수학과에서 내가 교편을 잡았던 것도 사실이다. 하지만 엄밀히 말하면 나는 수학 분야의 학위가 없으므로 수학자는 아니다. 나 스스로는 사회과학자로 칭하고 싶다. 늘 계량적 요소를 다뤄왔던 나는 숫자에 노련하다는 평판을 많이 받았다. 하지만 이 책은 '수학책'이 아니다. 수학 교과서도 아니고, 위상수학의 아름다움을 다루지도 않았다. 그보다는 수학에 '관한' 책으로, 사상, 산업, 심지어 세속적인 종교가 되어버린 수학에 초점을 맞추고 있다.

수학은 두려움의 대상인 동시에 존경의 대상이라는 말이 한때 유행했다. 학창 생활을 망친 정도는 아니더라도, 최악의 과목으로 수학을 기억하는 사람들은 이 학문을 두려워한다. 수학이 존경받는 이유는 영감 가득한 성취를 선사하기 때문이며, 수학의 과제 상당수는 우리 능력을 넘어서기에 존경심은 더욱 배가한다. 이러한 경외심의 도가니에 파묻히면, 수학을 가르치고 배워야 한다는 주장을 더욱 쉽게 펼치기 마련이다. 하지만 수학을 배워야 하는 수백만 명의 고등학생, 대학생이 실패를 경험한다. 이것이 현실이다.

여기서 나는 다소 순진해 보이는 질문을 던지고 싶다. 왜 우리는 아무 대안이나 예외를 두지 않고 수학이라는 한 가지 학문에 이토록 큰 에너지를 사용하는 것일까? 회의주의로 가득한 이 시대에, 그 누구도 이러한 데 의문을 품지 않는 것이 흥미로울 뿐이다.

수학 우등생 만들기보다
더 중요한 일

수학의 커리큘럼은 이미 확고하게 자리 잡은 상황이다. 지금과 같은 분위기에 따르면, 미국의 모든 학생은 도형, 삼각법을 비롯해 2년간의 대수학 공부는 기본이며, 미적분도 배워야 한다. 그 결과는 무엇일까? 고등학생 5명 중 1명은 졸업장을 받지 못한다.[11] 다른 나라와 비교하면 우울하기 이를 데 없는 수준이다. 간신히 졸업해 대학 진학에 성공하더라도 거의 절반 가까운 학생이 학부 졸업장을 받지 못한다. 고교나 대학을 불문하고 졸업장을 따지 못하는 주된 '학업상' 이유는 그들이 의무 수학 교육 과정을 통과하지 못하기 때문이다. ('학업상'이라고 강조한 것은, 범죄를 저지르거나 임신하는 등 다른 이유도 있기 때문이다.)

하지만 보통은 이 나라의 '할 수 있다' 정신을 고취하는 정도로 현실을 봉합하려 한다. 학생들의 군기를 다잡거나, 임시방편의 처방책을 주는 정도에서 벗어나지 못한다. 이 사회의 목표는 모든 학생을 수학 우등생으로 만드는 것이고, 유년기부터 이러한 과정이 시작된다. 빈곤과 마약에 대한 전쟁과 마찬가지로, 교실은 양질의 교사와 엄격한 교과과정으로 무장한 전쟁터가 되어가는 셈이다.

이러한 분위기를 타고 확립된 '커먼 코어'Common Core State Standards(공통핵심기준)를 40개 이상의 주가 채택하고 있다. 각 주의 모든 공립학교 학생은 정해진 날에 특정한 과목의 시험을 치러야 한다. 모든 문제는 비슷하거나 같다. 낙제율에 영향을 미치는 가장 결정적인 시험 과목은 수학 지수 함수를 해석하기 위해 지수의 성질을 활용하라. 예컨대, 다음과 같은 함수의 변화율을 확인하고 지수 성장 또는 지수 감소를 나타내도록 이들을 분류하라.

$$y = (1.02)^t, \ y = (0.97)^t, \ y = (1.01)^{12t}, \ y = (1.2)^{t/10}$$

$(x+y)^n$을 이항정리를 활용해 전개하라. x와 y는 어떤 숫자도 될 수 있고, n은 양의 정수이며, 계수는 파스칼의 삼각형으로 도출할 수 있다.

이다. 이 시험에서 학생들은 위와 같은 문제를 풀어야 한다.

이러한 방정식이 문제의 해결책이라 믿는 것은 자기기만의 또 따른 사례일 뿐이다. 나는 우리의 물적, 인적 자원을 좀 더 나은 방향으로 펼칠 수 있어야 한다고 주장한다. 젊은 꿈나무들이 고등학교와 대학교를 떠나지 않도록 하여, 학교라는 상아탑 속에서 자신의 재능을 찾고 펼칠 수 있도록 하는 것을 목표로 삼아야 한다. 하지만 우리는 지금 그들을 상대로 고등학교를 졸업하거나 대학 졸업장을 따려면 예각과 무리수 문제를 풀어야 한다고 말하고 있다. 나는 지금부터 이러한 현실에 대안을 제시하려고 한다.

수학으로 가능한 멋진 세계

물론, 나는 이 책에서 수학 반대주의자가 될 생각은 추호도 없다.

누구라도 수학이 어떤 학문인지를 알고, 수학으로 성취한 일들이 얼마나 많고 깊은지 알게 된다면 정말 기쁠 것이다. 수학이 얼마나 우리 삶을 든든하게 뒷받침하는지 모두가 알았으면 하는 바람이다. 일리노이대학의 피터 브라운펠트 교수는 나에게 이렇게 말했다. "인류 문명은 수학이 없으면 붕괴할 것입니다."[12] 수학 모델을 활용해 경주용 차를 설계하고, 휴일에 마트에 공급해야 할 스웨터 수량을 계산하며, 판타지 영화에서 군중의 모습을 꾸며낼 수 있고, 객실 이용률이 높아지도록 호텔 요금을 책정할 수도 있다. 또한 라이트 형제가 비행기를 하늘에 띄웠던 역사적인 순간에 삼각함수가 어떤 역할을 했는지, 450톤의 제트라이너가 홍콩에서 뉴욕으로 솟구쳐 오르는 데 미적분학이 어떻게 이바지했는지를 모두가 알았으면 좋겠다. 우리는 눈에 보이지 않는 방정식 덕분에 더욱 안전하고, 더욱 다채롭고, 더욱 흥미로운 삶을 살아갈 수 있다.

하지만 안타깝게도, 교실 또는 연단에서 이러한 가르침을 충실하게 전달하는 수학자는 매우 드문 편이다. 그들은 이러한 사실을 가르쳐주지 않는다. 딱딱한 수업 계획표에는 이러한 내용이 포함되어 있지 않기 때문이다. 또한 그들은 다른 사람이 이러한 이야기를 하도록 장려하지도 않는다. 그 결과, 우리 시대의 가장 흥미로운 학문으로 꼽히는 수학이 잘 알려지지도, 잘 논의되지도 않는 지경에 이르렀다.

그렇다. 나는 수학을 경이로운 지적 산물로 존중한다. 나는 내 세금이 골드바흐의 추측("2보다 큰 모든 짝수는 2개의 소수素數의 합"이라는 정수론의 미증명 정리ㅡ옮긴이)이나 매개변수 사이클로이드 연구에 쓰이도록 기꺼이 동의할 생각이다. 오히려 STEM 탓에 GDP, 군사력, 전자 산업의 우위를 선점하려는 글로벌 경쟁 속에서 수학이 단지 기술의 한 갈래로 취급되지 않을까 걱정이다. 나는 교양과목 수강생들이 한 명도 빠짐없이 갈릴레오가 수학을 왜 "대자연의 위대한 책"이라 불렀는지 알게 되길 바란다. 또한 아이작 뉴턴이 그의 저서 《수학 원리Principia Mathematica》 앞에 왜 "자연 철학"이라는 수식어를 붙였는지 알았으면 좋겠다. 나는 중고등학교와 대학교가 기초미적분학과 삼각법을 공부하듯, 이러한 시각을 하루빨리 받아들였으면 하는 바람이다.

산수를 못하는 것이 더 큰 문제

본격적인 이야기를 시작하게 전에 짚고 넘어가야 할 것이 있다. 수학과 산수라는 용어 자체가 혼동되는 경우가 많으므로, 두 용어의 차이점을 강조할 필요가 있다. 예컨대, 초등학교 3학년 학생의 평이한 산수 시험 결과를 두고 "수학 성적"이라 말하는 것은 잘못이다. 기본적으로 수학은 고등학교부터 배우기 시작하며, 기하학에서 미적분까지 확장되고, 마지막에는 전문가와 학자의 수준을 추구하는 데까지 이른다. 산수는 덧셈, 뺄셈, 곱셈, 나눗셈으로 구성되며, 분수, 소수, 백분율, 비율 및 우리가 일상생활에서 마주치는 통계를 포함한다. 우리는 모두 초등학교에서 산수를 확실히 습득해야 한다.

여기에서 문제는 더 많은 사람을 수학의 세계로 끌어오는 것이 아니다. 오히려 학생이나 어른들의 다수(대부분은 아닐지라도)가 산수에 둔한 것이 더 큰 문제다. 물론 간단한 덧셈과 뺄셈은 할 수 있다. 하지만 23개국의 성인을 조사한 2013년 연구에 따르면 미국인은 산수 능력에서 꼴찌에서 세 번째를 기록했다.[13] 경비 내역서를 작성하려고 주행기록계를 읽는 간단한 연산에서조차 헤매는 것이다. 만일 이러한 문제가 걱정된다면 그 분야 내에서 시정할 필요가 있다. 수학은 산술 능력이나 수리 능력, 숫자를 다루는 재능을 향상시키지는 못하기 때문이다. 숫자를 다루는 재능은 삶을 구성하고, 삶에 영향을 끼친다. 대부분의 미국 성인은 대수, 기하, 미적분학을 공부했지만 그들의 산술 능력은 별로 나아지지 않았다.

필요한 것은 따로 있다. 나는 이를 '성인 산수'라 부르며, 존 앨런 파울로스는 수리력numeracy이라 부른다.[14] 우리가 초등학교 4학년으로 다시 돌아가 공부해야 한다는 뜻이 아니다. 수리력은 어른에게 맞는 수준으로 가르칠 수 있고, 또 그렇게 해야 한다. 마지막 장에서 이에 관한 몇 가지 사례를 보여주고자 한다. 산수만 제대로 알면 공공 문서, 기업 보고서를 비롯해 〈이코노미스트〉의 도표나 〈월스트리트저널〉의 차트를 충분히 해석할 수 있다.

〈뉴욕타임스〉의 편집 기자들은 내 글에 "대수학이 필요한가?"라는 제목을 달았다. 필요하지 않다는 뜻으로 볼 수도 있는 제목이었다. (내가 제목을 정했다면, "수학 교육에서 '적당한' 수준이란?" 정도로 했을 것 같다.) 이 책에서 나는 '대수학'이라는 개념을 종종 모든 수학 교과의 대용품으로 사용한다. 결국 나는 기초 대수학이 모든 사람에게 필요함을 확실히 알려주고 싶다. 나도 기초 대수학을 매일 활용한다. 머핀 20개를 굽기 위해 35온스의 밀가루가 필요한데, 머핀 13개를 구우려면 밀가루가 얼마나 필요할까? 여기에서 $20:35=13:x$라는 방정식을 세울 수 있다. 이는 기초적인 대수학으로, 단순히 "x를 풀면" 된다. 실제로 이 방정식은 곱셈과 나눗셈으로만 구성되어 있다. 모든 십 대와 성인은 이 정도의 연산 기술을 갖추고 이면의 추론 과정을 이해해야 한다.

그런데 현 교육 과정에 따르면 학생들은 x방정식뿐 아니라 결합법칙, 이항정리, 소인수분해까지 공부해야 한다. 앤서니 카르네발과 다나데스로처는 수학 교육이 "너무 과하다 싶은 정도"로 진행되고 있다고 언급했다.[15] 경청해야 할 가치가 있는 발언이다.

대안적 실험이 필요하다

산수는 늘 필수 과목이었고, 여기에 이의를 달 사람은 없을 것이다. 그렇다면 수학을 선택과목으로 분류해야 하는 걸까? 중학교 2학년 학생들이 어렵다는 이유로 기하학을 배우지 않아도 될 자유를 누린다면? 브루클린 세인트앤 학교에서 수학을 가르치며 수학 교사로서 드높은 명성을 자랑하는 폴 록하트는 이렇게 말한다. "특정 과목을 의무 교과과정으로 편입하는 것만큼 열정과 흥미를 반감시키는 방법도 없습니다."[16] 자신의 전공 분야인데도 말이다.

나도 이 생각에 어느 정도는 공감한다. 대학교수인 내가 학교에서 개설한 강의는 대부분 선택과목이기에 풍한 예비군 같은 학생들 모습을 볼 일이 없다. 하지만 필수 과목에 탈출을 허용하는 순간, 과학, 문학, 역사, 체육을 포기하려는 학생이 속출하는 문제가 발생한다.

나 역시 변화가 오길 기대하지만, 그러한 변화를 14살 학생들의 손에 맡기고 싶지는 않다. 다양한 독자가 이 책을 읽겠지만, 특히 학교를 이끌어가는 사람들, 아이를 키우는 부모가 더욱 경청했으면 한다. 지금의 수학 교육 과정을 대체할 대안을 생각해보았으면 한다.

유명 대학들 중에는 SAT나 ACT 점수가 없어도 원서를 받는 곳이 있으며, 이러한 대학의 숫자는 점점 더 늘어나고 있다. 대학들이 수학 성적을 자세히 들여다볼 필요가 없다고 느낀다는 이야기다. 나아가, 수학 성적을 제출하지 않았던 학생도 제출한 학생과 마찬가지로 학업을 무사히 마치고 있다.

이런 맥락에서, 혁신을 표방하는 교육 시스템을 대상으로 다음과 같은 실험을 시도해보라고 응원하고 싶다. 고등학교 몇 개를 선정해 인문학 졸업장을 주도록 하는 것이다. 아마도 고등학교 1학년이나 2학년에 해당 전공을 시작하면 좋을 것이다. 이것은 다양한 유럽식 시스템이 제공하는 모델과 비슷하다. 이러다 보면 기존의 수학 대신 통계학이나 양적 추론 분야에서 새로운 교육 과정을 만들 수도 있다.

학생들이 피하고 싶은 과정을 없애주기 위해 대안을 생각해보자는 것은 아니다. 내 제안을 따른다고 해서 절대로 뒷걸음질을 치지는 않을 것이다. 오히려 더욱 영리해져야 한다. 숫자에 능숙해지는 것은 삼각법이나 기하학만큼 까다로운 일이며, 통계에 익숙해지려면 고급 대수를 다루는 것만큼이나 진지한 추론이 필요하다.

　대안대로 하면, 이미 뒤처진 학생들이 새로운 열등 집단을 구성하진 않을지 우려할 수도 있다. 충분히 이해가 되는 이야기다. 학생들이 어느 정도의 수학 실력을 갖추지 못하면 다가오는 미래를 대변할 문화와 직업에서 도태될 수 있다는 주장이다. 이러한 우려 때문에 로버트 모지스의 대수학 프로젝트[17]가 시작되었고, 효과적인교육을위한도시연합 National Urban Alliance for Effective Education의 에릭 쿠퍼[18] 또한 이 프로젝트를 지지했다. 두 사람은 이 사회가 일련의 굴렁쇠를 세워 놓은 이상, 이것을 어떻게 뛰어넘는지를 배우는 것이 최선이라 말한다. 야망에 부푼 이민자 가족은 아이들에게 이러한 의식을 주입해왔다.

　이러한 견해가 탄탄한 기반을 갖추었다면 나 또한 앞장서서 전파했을 것이다. 하지만 뒤따르는 글에서처럼 수학이라는 학문이 미래의 공통언어가 되리라는 증거는 어디에서도 찾을 수 없다. 미래에는 다양한 재능을 갖춘 인력이 분명히 필요하다. 하지만 모든 학생에게 포물 기하학을 정복하도록 요구한다면, 방정식과 무관한 재능을 갖춘 학생들은 일찌감치 꿈을 접어야 할 것이다.

　나아가, 시골이나 도시 빈민층에 속한 학생뿐 아니라 상류층 학생 또한 고급 대수학 탓에 좌절한다. 상류층 가정에서는 개인 교사나 과외 교습의 도움으로 이를 어느 정도 극복하는 것뿐이다.

　나는 전문 직종의 부모들로부터 많은 편지를 받는다. 그들은 하나같이 자녀의 인생이 수학 때문에 난관에 부딪혔다고 한탄한다. 그들을 비롯해 모두가 더 쉬운 선택지를 찾는 중이다. 사회 각 계층에서 어려운 분야에 재능이 있는 젊은이들을 본다. 그러나 SAT, ACT, 커먼 코어 Common Core는 학생들에게 너무나 많은 스트레스를 안긴다. 삼각법, 기초 미적분학, 고등 대수학이 포함된 이 시험들은 다른 분야에 소질이 있는 학생에게 과도한 장애물이다.

수학 실력이 문학 실력보다 중요하다?

교육자로서, 시민으로서 우려되는 것은 날이 갈수록 우리 사회가 과학, 기술, 공학, 수학에 우선순위를 두고 있다는 사실이다. 미국이 로봇, 얼간이, 괴짜의 나라가 될 위험에 빠져 있다는 이야기가 아니다. 수학에서 이루어지는 특별한 논리적 사고방식이 무언가를 분석하는 노력보다 우월하다고 여기는 분위기가 엿보인다. 캘리포니아 대학교의 어떤 교수는 새로운 세상에서는 "수학 기술이 문학 실력보다 중요하다"[19]라고 단언한다. 나는 이러한 편견을 우려하는 것이다. 나도 다른 사람보다는 숫자를 더욱 많이 활용하는 편이지만, 이러한 단언이 불길하다는 느낌을 지울 수 없다. 나는 방정식에 함몰된 대화에 나설 생각이 없다.

이 사회의 분위기를 STEM이 지배한다는 말로 이번 장을 시작했다. 또 다른 약어 PATH를 제시하며 마무리하고 싶다. 이는 곧 철학 Philosophy, 예술Art, 신학Theology, 역사History를 의미한다.

미국이 윤리, 문화에서 확고한 위상을 유지하고 싶다면 매년 PATH

분야에 종사하는 인력을 백만 명 가까이 배출해야 한다. 그렇지 않으면 물질적인 풍요를 주도할 수 있을지는 몰라도 문명의 쇠퇴를 피할 수는 없을 것이다.

2장

무엇을 위해
수학을 **공부**하는가

인생의 난공불락을 만나다

2007년, 존 메로우는 〈뉴욕타임스〉에 크리스틸 옌킨스라는 학생의 일화를 소개했다.[1] 라구아디아 커뮤니티 칼리지 Community College(지역 전문대학)에 다니는 옌킨스는 수의사가 꿈이었다. 그리고 7년이 지난 2014년, 〈뉴욕타임스〉의 지니아 벨라판테는 같은 대학을 방문했다.[2] 그녀가 쓴 글의 주인공은 스튜디오 아트 전문가를 꿈꿨던 블라디미르 드 지저스였다. 두 이야기는 놀라울 정도로 비슷했다. 두 학생 모두 필수 과목인 수학을 낙제한 탓에 더 이상 교육을 받을 수 없었다.

"난 동물이 좋아요." 크리스틸 옌킨스는 이렇게 말했다. 동물과 잘 어울렸던 그녀는 수의사가 되고 싶은 꿈을 키워 갔다. 하지만 대학에 진학한 옌킨스는 수의학 입문 과정에 들어가기도 전에 선형방정식과 이차방정식 시험을 통과해야 했다. 안타깝게도 크리스털은 시험에 두 번 떨어졌고, 기회는 다시 주어지지 않았다. "억장이 무너졌어요." 그녀는 학교를 영원히 떠나며 이렇게 말했다. 내가 말을 섞어본 어떤 수의사나 기술자도 그 정도 수준의 대수학은 필요하지 않았다. 처방, 접종, 치료에 숫자가 쓰이는 것은 사실이지만, 계산을 정확히 하는 정도로 충분하다.

블라디미르 드 지저스는 비슷한 수업에서 세 번째 시도를 감행했다. 그는 이 수업에서 'cosπ/2' 함수와 같은 문제를 풀어야 했으나, 마치 상하좌우 어디로도 갈 수 없는 철벽을 맞닥뜨린 느낌이었다. 그에게도 동지가 있었다. 친구 중에 40퍼센트가 낙제했고, 블라디미르 역시 천편일률적인 이데올로기의 희생양으로 전락해 점점 늘어나고 있는 비자발적 졸업생 명단에 자기 이름을 올리게 됐다. 그는 꿈을 접고 지금은 프리랜서 문신업자로 살아가고 있다.

대학생 절반이
학위를 못 받는 현실

2013년 경제협력개발기구OECD 조사를 보면, 미국 청소년들이 고등학교 과정을 이수하는 비율은 30개 선진국 가운데 22위에 머무르고 있다.[3] 헝가리, 슬로베니아, 칠레에도 뒤진 결과다. 대학 졸업장을 따는 비율은 약간 나은 편이다. 32개국 가운데 12위로, 룩셈부르크, 이스라엘, 뉴질랜드보다 뒤처진다.[4] 인당 대학 수는 많지만, 많은 학생이 대학 교육 과정을 무사히 이수하지 못한다.

고3 학생은 5명 중 1명꼴로 졸업장을 따지 못한다. 뉴멕시코와 조지아주에서는 28퍼센트, 네바다주에서는 29퍼센트가 낙제한다. 매년 백만 명의 십 대가 국가가 인정하는 기초 자격 없이 험난한 인생을 시작해야 한다는 이야기다. 고등학교를 졸업하고 대학에 들어간 학생 중에 절반을 조금 넘는 56퍼센트만 학사 학위를 받는다. 미국의 교육 과정은 탈락자로 점철되어 있고, 교육 과정의 고속도로에서 결코 일어나서는 안 될 인간 '로드 킬'이 수시로 일어나는 중이다.

미국의 교육 시스템에서 이러한 현상이 발생하는 이유를 두고 많은 설왕설래가 있다. 예컨대 미국은 포르투갈보다 크고, 아이슬란드보다 복잡하다. 미국은 다른 선진국보다 십 대 임신율이 높다. 또한 미국은 처벌 성향이 매우 높은 나라로 많은 십 대를 감옥에 보낸다. 나아가 미국의 빈곤층 비율은 선진국 중 최고 수준이다.

나는 방금 언급한 요인 모두가 이 문제에 어느 정도 이유가 된다고 생각한다. 또한 대부분의 문제를 해결하고 치유할 힘도 우리에게 있다고 생각한다. 하지만 나는 이 책에서 보통교육에 쏟는 미국인의 노력에 비해 왜 그토록 변변찮은 성과만 주어지는지 주로 학술적인 관점에서 찾아보려 한다.

우리는 필요하지도 않은 수학 과정을 경솔하게 필수 과목으로 정해 놓고 과도하게 집착하고 있는 건 아닌가? 세인트 올라프 대학의 린 아서 스틴의 연구에 따르면 "수학은 학생이 가장 자주 낙제하는 학과목"[5]

이다. 스탠퍼드 대학교의 조 볼러는 더욱 심각한 현실을 폭로한다. "최근에는 미국 학생의 절반 이상이 수학을 낙제합니다."[6] 별로 놀라운 일은 아니다. 역사, 문학, 생물학은 우리가 아는 현실에서 크게 벗어나지 않는다. 다른 과목과 비교하면, 수학은 마치 신비로운 추상 궤도로 상징되는 외계인 세상을 나타내는 것 같다. 대부분 학생은 어떻게든 졸업장을 따지만, 수학을 통과하는 비율은 모든 분야와 학과목을 통틀어 제일 낮다.

지금도 진학 준비와 학문적인 엄격함이라는 명분 아래 수학의 요구 수준은 해가 갈수록 높아지고 있다. 1982년에는 고등학교 졸업생 가운데 55퍼센트가 대수학을, 48퍼센트가 기하학을 공부했다.[7] 하지만 지금은 무려 88퍼센트가 기하학을 공부하고, 76퍼센트가 2년 과정 대수학을 공부한다.

고등학교:
무엇을 위하여 수학을 공부하는가

테네시의 한 고등학교에서 수학을 가르치는 셜리 백웰은 "언제 바비가 대수학을 포기할까"와 "대수학이 미국을 잡아먹는 중?"이라는 제목의 글을 기고했다. 그는 "모든 학생이 대수학에 숙달해야 한다면 더 많은 학생이 중도 포기할 것"[8]이라고 경고했다. 학업을 마치는 학생 상당수도 "수학을 영원히 피할 것이고 수학 자체를 악몽으로 기억할 것"이라고 한다. 아칸소주의 베테랑 여교사 테레사 조지 또한 이런 견해를 뒷받침한다. "대수학을 절대 통과하지 못하는 학생들이 있어요. 우리는 그들을 잃게 될 겁니다."[9] 지금은 작고한 제롤드 브레이시 또한 경력이 풍부한 수학 교사였다. 그는 이렇게 덧붙인다. "모두에게 대수학을 강요하면 아이들은 수학뿐 아니라 학업 자체에 흥미를 잃게 됩니다."[10] 광범위한 연구 결과에 따르면 이들의 말이 옳은 것으로 드러났다. (나를 비롯한 많은 사람은 중등교육의 보통 수학 과정을 약칭해 대수학이라 부른다. 실제로 기하학의 포물선은 대수학의 벡터만큼이나 어려울 수 있다.)

실제로 존스 홉킨스 대학교의 로버트 벨판츠와 네티 레그터스가 쓴 〈낙제 위기의 현주소〉라는 논문에 따르면 "많은 학생이 고3 과정에서 헤매는 이유는 대수학 과정을 낙제하기 때문"[11]이다. 캘리포니아 대학교의 데이비드 실버가 주도한 로스앤젤레스 스쿨의 연구는 더욱 정확한 결과를 보여준다. "특정 학군을 기준으로 '대수학1' 과정을 공부하는 학생 중에 평균 65퍼센트가 낙제한다."[12] 기하학은 51퍼센트로 조금 나은 편이다.

학점을 매기는 선생들만 학생을 낙제시키는 것은 아니다. 커먼 코어 시험이 등장하기 전에도 일부 주에서는 광범위한 시험을 치렀다. 이른바 "낙제학생 방지법"이라는 왜곡된 명칭의 법률에 따라 '통과'exit 시험을 마련한 것이다.[13] 2013년에는 최소한 19개 주가 이러한 시험을 강제해 결과를 보고했다. 학생들이 수학을 낙제한 비율은 놀라웠다. 미네소타주에서는 수학 시험을 치른 학생 가운데 43퍼센트가 낙제했다. 네바다는 57퍼센트, 워싱턴은 61퍼센트, 애리조나는 64퍼센트였다. 최소한 이 학생들은 시험 전까지 고학년에 진학한 학생들이다. 19개 주 가운데 한 개 주만 제외하고 다른 과목이 아닌 수학에서 가장 높은 낙제율을 기록했다. 그들이 게으르거나 무관심한 탓이 아니었다. 충분한 고급 교육을 받은 부모가 보더라도 가물가물한 방정식에 숙달하지 못했기 때문이다.

이 글을 쓰는 지금도 대부분 주에서는 커먼 코어 시험을 치른다. 시험 문제와 점수를 매기는 방식은 모든 주가 같다. 각 주가 결정해야 할 것은 커먼 코어 점수를 고등학교 졸업 요건으로 내세우느냐다. 예컨대, 모든 주가 '통과'나 '능숙'의 기준을 통일해야 할까? 코어 시험의 '중간 수준' 기준에 고등 대수학이 포함되므로, 앨라배마주는 노스다코타주와 합격선을 똑같이 설정할지 고민해야 한다. 앨라배마주가 똑같은 기준을 설정한다면 고3 학생 가운데 대다수가 졸업장을 받지 못할 것이다.

매년 더 많은 주가 2년 차 대수학 과정을 필수 과정으로 편입한다. 입법기관과 비즈니스 업계에서 이러한 흐름을 주도한다. 하지만 이들은 실제로 교실에서 무엇을 가르치는지 전혀 알지 못한다. 러커스 대학교 수학과 교수 조셉 로젠슈타인은 모든 사람을 상대로 특정한 관념을 주입하는 근거가 뭔지 모르겠다고 말한다. "복소수, 유리수 지수, 일차 부등식, 역함수가 모든 학생에게 필요하다는 주장은 어떤 근거에서 하는 건가요?" 로젠버그는 입법자와 기업 실무자에게 묻고 있다. "당신에게 인수분해가 마지막으로 필요했던 순간은 언제인가요?"[14]

학생들의 성적은 부모의 사회적, 경제적 지위와 비례하는 경향이 있다(이 규칙에는 최소한 한 가지 예외가 있다. 나중에 언급하겠지만, 인종 문제와 관련해서다). 소득이 낮은 계층의 자녀가 더 많이 낙제한다. 하지만 수학만큼은 이러한 요인이 크게 작용하지 않는다. 인종뿐 아니라 소득 수준을 막론하고 모든 학생 앞에 놓인 장애물이라는 뜻이다. 뉴멕시코주 수학 시험에서는 백인 학생 중 43퍼센트가 미흡한 것으로 평가되며 테네시주 또한 이 비율이 39퍼센트에 이른다. 놀라운 사실은 아니다. 전문직 부모를 둔 자제 중에서도 언니는 수학 천재인데, 여동생의 기하학 실력은 거의 바보 수준인 경우가 종종 있다. 하지만 이 여동생은 집중적인 개인 과외를 받고 간신히 시험을 통과한다.

과외 시장에 들어와보라. 학문의 기회가 사지선다에 달려 있는 한, 과외 시장은 교육 시장의 중추를 담당할 수밖에 없다. 2015년 통계를 보면 카플란과 프린스턴 리뷰와 같은 기업은 학원 강의와 개인 과외에서 70억 불을 벌어들이며, 이것 말고 프리랜서 과외 교사가 벌어들이는 돈 또한 최소한 30억 불에 이른다.[15] 당연하게도, 대부분 자원은 수학 시험을 준비하는 데 투입된다. 사회 과목 사교육을 위한 수요를 찾기란 쉽지 않다.

콜린 오펜자토는 브루클린에 있는 자기 아파트에서 개인 과외를 한다. 그녀는 과외 시간의 대부분을 수학 자체보다는 '수학 시험의 구조와 시험을 잘 치는 기술'을 설명하는 데 소비한다고 고백했다. 한 가지 예를 들면 '거꾸로 풀기'라는 기술이 있다. 학생들은 실제로 문제를 풀기보다 편법을 찾기 시작한다. "편법을 가르치면 수학을 전혀 몰라도 SAT에서 400점을 맞을 수 있습니다."[16] 그녀의 말이다. 물론 400점이 높은 점수는 아니다. 하지만 단순한 시험 기술이 성적에 얼마나 큰 영향을 미칠 수 있는지를 잘 알 수 있다.

뉴욕 교외에 자리 잡은 펠햄의 지역 신문이 취재한 바로는, 가구 수의 절반 이상이 과외 교육에 비용을 지출하고 있었다.[17] 이미 검증된 엘리트 교육 체계 속에서 충분한 혜택을 받는 학생들마저 사교육에 비용을 지출하는 것이다. 이는 곧 명망 있는 학교들조차 수학 마라톤을 준비하는 데 역부족이라는 현실을 드러낸다. 그러다 보니 출발선은 해마다 더 어린 나이로 당겨진다. 펠햄과 같은 교외 도시는 가구 소득의 중간값이 114,444불이다(미국 평균치의 약 두 배). 이러한 지역에서조차 개인 과외가 필요하다면, 다른 지역이 사교육비로 얼마나 많은 비용을 부담해야 할지 충분히 상상할 수 있다.

수학이라는 장벽으로 사회 불평등이 두드러지고, 또 악화한다. 한쪽에는 소규모 학급과 실력 있는 선생이 완비된 풍족한 지역에서 부유한 가정의 자녀가 과외 교습까지 받는다. 카플란과 프린스턴 리뷰는 토요일 아침에 실시하는 10명 단위 그룹 과외비로 800불을 요구한다. 한편 맨해튼에서는 일대일 가정 방문 과외비가 '시간당' 700불이다.

대학의 문턱이 높아지는 이유

'모든 시민이 대학에 진학해야 하는가'라는 질문은 늘 첨예한 논란의 대상이었다. (이 질문은 언제 대학 교육을 받아야 하는지의 주제로 전환되기도 한다. 모두가 18세에 대학 교육을 시작해야 하는 것은 아니다.) 모두에게 기회를 열어준다면, 입학 기준이 이슈가 된다. 대부분 대학은 엄정한 기준이라는 명분 아래 모든 지원자가 최소 3년의 수학 과정을 이수하도록 정한다. 대수 2년 차 과정에서 배우는 유리수 지수나 일차부등식에 숙달해야 하는 것은 물론이다. 또한 대부분 대학은 높은 수준의 SAT나 ACT 점수를 요구한다. SAT나 ACT 모두 복소수나 역함수와 같은 문제를 낸다.

캘리포니아주에는 프레즈노에서 스태니스러스에 이르기까지 23개의 대학 캠퍼스가 있다. 스탠퍼드나 버클리와 같은 명문 대학이 아니더라도 학생들은 대수학 과정 2년을 비롯한 모든 수학 과정을 통달해야 한다. 따라서 예술사나 포스트모던 비평에 소질을 보이는 학생들은 아무리 해당 분야에 재능이 있더라도 기하학을 못하면 지원 자격 자체를 얻지 못한다. 그 결과는 놀라울 정도다.[18] 2012년에는 캘리포니아 고등학교 졸업생 가운데 겨우 38퍼센트만이 캘리포니아주 소재 대학에 지원할 자격을 갖추었다고 판정받았다. 백인 졸업생은 전체 평균보다 조금 나은 성과를 보인 정도였다. 캘리포니아주 대학들이 입학 대상으로 인정할 만한 성적을 갖춘 졸업생 비율은 45퍼센트에 그쳤다. 앤서니 카르네발과 다나 데스로처는 이렇게 묻는다. "수학 과정이 대학 진학을 가로막는 인위적인 장벽을 세우는 건 아닌가?"[19] 최소한 지금까지는 이 질문에 확실한 대답을 찾은 느낌이다.

혹자는 지원 자격을 갖추지 못했더라도 2년제 대학에서 학업을 시작할 수 있고, 여기에서 잘하면 계속 공부할 기회를 잡을 수 있다고 말한다. 하지만 이 또한 착각에 불과하다. 센트리재단이 실시한 2013년 연구에 따르면 커뮤니티 칼리지에 들어간 학생 중에 80퍼센트는 최소한 학부 과정만은 마치고 싶었다.[20] 안타깝게도, 6년이 지나고 보니 이러한 열망을 이룬 비율은 12퍼센트에 그쳤다. 무엇이 문제였을까? 이유는 명확해 보인다. 2년제 대학 과정에 입학한 학생 역시 수학의 늪에서 헤어 나오는 데 실패한 것이다.

2014년 5월, 폴 터프는 날카로운 분석이 담긴 글을 기고했다. "누가 무사히 졸업하는가?" 커뮤니티 칼리지 학생들은 아니라는 것이 그의 첫 번째 대답이었다. 입학하자마자, 이 학생들 가운데 3분의 2가 수학 보충수업을 배정받았다.[21] 이 수업을 들어도 학점은 얻지 못한다. 그저 다른 과정을 듣기 위해 반드시 통과해야 하는 과정일 뿐이다. 그들이 긴 나눗셈을 못 하거나, 비례식을 못 세우거나, 통계표 해석을 못 하는 것도 아니다. 학교는 그들이 상업 예술이나 미용학을 공부하기에 앞서 삼각법에 능숙하기를 바라는 것이다.

펜실베이니아의 몽고메리 카운티 커뮤니티 칼리지에서는 필수 수학 과정을 공부하는 학생 중에 절반이 낙제한다. 미국의 2년제 대학 27개를 연구한 결과, 필수 수학 과정을 들었던 학생 중에 3년 후 이를 통과하는 비율은 4분의 1 미만이었다. "이 과정을 세 번, 네 번, 다섯 번까지 수강하는 학생들도 있어요."[22] 애팔래치아 주립 대학에서 일하는 바버라 본햄의 말이다. 결국에는 통과하는 학생도 있지만, "학생 중에 상당수가 중도에 탈락한다".

테네시주의 통계는 더욱 우울하다. 테네시주에서는 70퍼센트가 넘는 학생이 수학 보충수업을 받도록 배정된다. 그들 또한 이 과정이 너무 버겁다 보니 제때 졸업하는 학생은 5명 중 1명꼴이다.[23] 2013년, 비영리 리서치그룹 컴플릿칼리지아메리카는 〈보충교육: 갈 길 잃은 고등교육Remediation: Higher Education's Road to Nowhere〉이라는 제목의 보고서를 발표했다. 보고서에서는 "대부분 학생이 대수학을 공부하고 있으나", 조금만 생각해보면 "통계학이나 계량 경제학이 그들이 선택한 학문이나 경력을 준비하기 위해 훨씬 적합하다"라고 단언한다.[24] 이러한 조언은 직업 준비에만 해당하는 것도 아니다. 2년제 대학에 진학하는 많은 학생은 삶의 질을 높이거나 더 나은 시민이 되기 위해 교양과목 분야를 선택한다. 그들의 관심과 필요에 맞춰진 통계학 과정은 대수학보다 그들에게 더욱 적합하다. 하지만 이처럼 분별 있는 제안을 검토해 시행하는 학교는 아직 거의 없는 상황이다. ●

전미경제교육협의회NCEE가 실시한 또 다른 연구[25]에 따르면 "수많은 커뮤니티 칼리지 학생들이 졸업장이나 학위를 따는 데 실패한다. 그들이 계획하거나 정작 들어야 하는 수업과는 아무런 관련이 없는 수학 과정에서 낙제하기 때문"이다. 이 보고서 작성을 주도한 마크 터너는 대수학이 "원치 않는 학생을 걸러내는 용도로 쓰이며, 마치 100년 전에 비슷한 역할을 무수히 담당했던 라틴어에 비유할 수 있을 정도"라고 말한다.[26] 교수들과 경영진에게도 이러한 비난이 꽤 쏠리고 있다. 방어적인 태도에서 비롯되는지, 자신의 지위를 높이고 싶어서인지는 몰라도

● 보충교육이 정말 필요할까? 때로는 그렇다. 내 정치학 개론 수업을 듣는 학생들 중에 조리 있게 글을 쓰지 못하는 학생이 부지기수다. 나는 이들이 작문 수업으로 나아질 수 있다고 믿는다. 작문 역량 없이는 학부 수업을 소화할 수 없기 때문이다. 하지만 학사 학위를 따기 위해 '모든' 학부생에게 고등 대수학이 필요한지는 의문이다.

그들은 수학 공부에 대한 부담을 늘려 얼마나 **빡빡하게** 학사를 운영하는지 보여주려 한다. 이렇게 해서 교육자로서 자기 권위를 세울 수 있을지는 모른다. 하지만 그 대가는 학생들이 치러야 하고, 때로는 학교에서 완전히 쫓겨나는 현실을 감내해야 한다.

다음 장에서 언급하겠지만, 강의실에서 가르치는 수학은 전자 설계와 같은 기술 분야와도 연관성이 희박하다. 린 아서 스틴은 이러한 현실을 솔직히 고백하는 보기 드문 수학 교수다. "유망한 근로자에게 필요한 것은 미적분이나 고등 대수학이 아닙니다." 그는 지적한다. "고등학교에서 배우는 기초적인 수리 능력 정도가 필요할 따름입니다."[27]

산산조각 난 대학 진학의 꿈

한 세기가 넘도록 미국은 더 많은 시민에게 더 나은 교육을 제공하려 애썼다. 미국은 더 많은 국민에게 학위를 주기 위해 1863년 모릴 법 Morrill Act(주립 대학의 설립을 위해 국유지의 무상 불하를 규정한 법으로, 많은 주립 대학의 설립에 기여했다—편집자)이나 1944년 G. I. 법(일명 참전군인 사회복귀 지원법—편집자)을 입안했는데, 전 세계 어느 나라도 이 정도의 노력을 기울인 적이 없다. 현재 60퍼센트 이상의 미국인은 한 학기를 마치고 퇴출당하는 한이 있어도 2년제, 혹은 4년제 대학의 문을 두드린다.[28] 하지만 안타까운 소식은 앞서 언급한 것처럼 매년 9월에 등록하는 250만 명의 학생 중에 거의 절반 가까이 학업을 마치지 못한다는 사실이다. 고등학교를 마치지 못한 학생들과는 또 다른 집단을 구성하는 셈이다. 하지만 그들은 고등학교를 어떻게든 졸업했고 나름 그들의 학습 능력을 증명하지 않았는가.

대학교 1학년 과정에서 가장 많이 탈락하는데, 앞서 언급했듯 학업상의 이유로는 수학 때문이다. 필수 수학 과정은 학생들이 선택할 전공과 아무런 연관성을 찾을 수 없다. 뉴욕 시립대학교의 연구를 따르면 필수 대수학 과정에서 57퍼센트가 탈락한다. 부속 대학 한 곳에서는 무려 72퍼센트가 탈락한 것으로 드러났다.[29] 보고서에 따르면 수학에서 탈락하는 비율은 나머지 학과목을 모두 합한 수치보다 2.5배 높았다. 보고서의 결론은 아주 우울하다. "수학 과목 낙제가 학업 지체에 미치는 영향은 다른 모든 학업 요인을 능가한다." 이 결론을 경고 표지로 알아듣는다면 얼마나 좋을까. 하지만 이 책을 쓰는 순간에도 수학의 지위는 복지부동일 따름이다.

중등과정이후교육기구Institute on Postsecondary Education에서는 이 문제와 관련해 가장 풍성한 자료를 제공한다.[30] 이 자료는 특정 시점을 기준으로 여러 대학을 조사해 265,000건의 학점이 담긴 성적 증명서를 검토했다. 각 강의별로 낙제, 수강 철회, 불완전 이수 건수를 합산한 결과, 수학을 통과하지 못한 비율은 다른 과목을 통과하지 못한 비율보다 2~3배가 높았다.

약 12개국의 대학생들은 미국보다 훨씬 높은 졸업률을 자랑한다. 이러한 국가들 다수는 합리적 기준에 따라 인증 분야에서만 수학을 필수 과목으로 편입한다. 미국 학생이 타고난 재능은 다른 나라에 뒤지지 않는다. 하지만 수많은 학생의 고등 교육을 가로막는 불필요한 필수 과목이 많은 게 문제다.

　대부분 학부생은 수학을 깊이 공부할 생각이 없다. 1학년 가운데 수학 과정을 자발적으로 듣는 학생은 찾아보기 어렵다. 설상가상으로 수학 입문 과정에는 겸임 교수나 조교가 들어온다. 노련한 겸임 교수들조차 좁은 연구실 속에서 격무에 시달리기 마련이고, 다른 일거리를 찾는데 혈안인 경우도 많다. 조교들은 정교수에게 조언이나 감독을 받지 않고, 꽤 많은 수가 강의료를 받으며 수업을 하고 있다. 미시간 주립 대학교의 수전 윌슨은 대부분의 수학 교수가 여기에 책임을 지지 않는다고 말했다. 실제로 그녀가 보니 "어떤 학생이 수학을 낙제하더라도, 수학 교수가 나서서 학생을 보살피고 이해하지 못한 부분을 가르치는 경우는 없었다".[31]

　다른 학과에서는 첫 1년 과정이 흥미롭고 매력적으로 보이도록 공을 들인다. 예컨대 인류학은 필수 과정이 아니다. 따라서 인류학부가 학생들을 끌어들이려면 입문 과정을 매력적으로 구성해야 한다. "인류학에 대해 들어본 학생을 찾긴 힘듭니다."[32] 퀸스 칼리지의 인류학과장 케빈 버스는 이렇게 말했다. "학문 자체를 왜곡하지 않는 범위 내에서, 인류학이라는 분야가 세상을 이해하는 데 얼마나 도움이 되는지 알려주고 있습니다."

　하지만 수학에서는 이러한 태도를 찾아볼 수 없다. 어떤 수학 분과에서는 일정 수준에 미치지 못하는 학생들을 '솎아낸다고' 자랑하거나, 1학년생을 '알짜'(교수의 관심을 받을 정도의 학생)와 '쭉정이'(나머지 대다수)로 구분하기도 한다. 그들은 뭘 하든 이러한 태도를 지속할 것이다. 해마다 신입생이 자동으로 유입되어 빵빵한 예산이 받쳐주기 때문이다.

최고의 대학들이 쌓아놓은 철옹성

미국 최고의 대학들이 탈락시키는 학생들 수는 엄청나다. 최근에는 29,610명이 예일대학교에 원서를 접수했다.[33] 이처럼 엄청난 지원자를 어떤 기준으로 선발할까? 대학 측은 SAT 점수로 서열을 매긴다. 요즈음 최고의 대학들은 SAT의 구술과 수리 과목에서 최고 수준의 점수를 요구한다. 구술과 수리 과목에서 만점을 받는 1600점대 학생들의 원서가 서류철 맨 위에 놓인다('작문' 과목 성적을 아예 고려하지 않는 학교도 있다). 하버드, 프린스턴, 예일에 입학하는 학생 중에 75퍼센트는 수리 과목 점수가 700점 이상이다.[34] 미국 남학생의 상위 9퍼센트, 여학생 100명 가운데 4명만이 달성할 수 있는 높은 점수다.

스탠퍼드, 듀크, 다트머스 또한 최소 680점 이상을 요구하는 만만치 않은 기준을 유지한다. 이 정도 점수를 받으려면 남학생은 상위 12퍼센트, 여학생은 6퍼센트에 들어야 한다. 이후 더 자세히 다루겠지만, 이러한 선발 기준에 따르면 수학 이외의 모든 분야에서 완벽한 소질을 보이는 여학생이라도 입학을 거절당하기 마련이다.

물론 입학생 가운데 4분의 1의 수학 성적은 700점 아래다. 하지만 이 중에 상당수는 축구 특기생, 기부자 또는 동문의 자녀들이다. 또한 약자 우대 정책에 따라 소수 인종 학생을 우대하거나, 알래스카나 몬태나주와 같이 소외된 주의 학생들을 받는 상황에 해당한다. 수학에 두각을 나타내는 학생에게 무슨 문제가 있다는 말이 아니다. 하지만 다트머스나 듀크 대학교는 캘리포니아 공대나 MIT와는 다르다. 두 학교는 교양과목에 강점을 보이는 대학교이며, 폭넓고 깊이 있는 학문을 자랑한다. 하지만 그들이 개설하는 수업 가운데 75퍼센트는 매우 높은 수학 점수를 요구하며, 철학, 고전, 현대 무용을 전공하고 싶은 학생에게도 이 원칙은 예외 없이 적용된다. 이 모두가 아이비리그를 비롯해 최고의 대학들이 개설하는 과목들이다.

기술과 과학이 과거보다 더욱 존재감을 뽐낼 운명이라 하더라도, 우리 사회는 그보다 더 다양한 것이 필요하다. 우리가 원하고, 필요한 모든 재능이 항상 수학 실력에 따라 결정되어야 한다고 바라는 것은 비현실적이다. 우리는 탁월함이 무엇인가에 관한 판단을 한정하거나 왜곡하지 않도록 주의해야 한다.

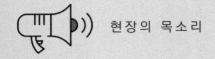

우리 딸이 쓴 극본이 출판되었고, 뉴욕 페스티벌 결승에까지 진출했죠. 하지만 대학의 연극영화과에 들어간 이후, 수학 성적이 낮다는 이유로 최종 입학을 거절당했어요.

내가 가르치는 한 학생은 꿈이 스포츠 분석가였어요. 그 학생은 대수학 과정을 최소한 다섯 번은 밟았을 거예요. 대수학을 이유로 이런 학생의 길을 막는 게 얼마나 바보 같은 짓인가요.

훌륭한 의사와 변호사, 용접 전문가가 될 수 있었던 인력들인데, 아무런 연관성을 찾기 힘든 수학 성적을 이유로 꿈이 좌절되었죠.

저 또한 학사 학위를 따려다가 수학의 벽에 막혀 꿈을 접어야 했습니다. 지금은 TV 프로그램 대본을 쓰고, 기획과 감독까지 맡고 있어요. 에미상도 받았죠. 대수학을 몰라도, 그럭저럭 내 일에 관한 책을 깔끔히 정리하고 있어요.

아이비리그에서 받은 학위가 있는데도, 사회생활에 필요하다는 이유로 대수학을 또 공부해야 했습니다.

대학에 진학한 우리 아들은 대수학 때문에 학업을 지속할 수 없었어요. 지금은 사진사로 성공했습니다. 하지만 우리 식구 중에 유일하게 대학 졸업장이 없다는 사실이 계속 마음에 걸리나 봐요.

몇 년 전과 마찬가지로 대학을 졸업하는 데 반드시 대수학을 통과해야 했다면 나는 낙제를 면치 못했을 거예요.

대수학을 못 한다는 이유로 고등학교 미국 역사 세미나에 참가할 수 없다는 현실 때문에 아직도 화가 나요.

3장

배관공에게 다항식이
필요한가

우리는 흔히 이런 이야기를 듣는다.

"수학과 긴밀히 연관된 과학 및 공학 관련 직업의 성장세는 전체 고용률을 3배 정도의 차이로 넘어서고 있다. 전기 기술자, 건설 근로자, 인테리어 업자, 배관공에게 필요한 수학 실력은 대학 과정에서 필요한 수학에 버금간다." (아카이브 주식회사, 미국학위프로젝트)[1]

"향후 10년간 미국의 직업 중 62퍼센트가 신입 근로자에게 능숙한 수준의 대수학 실력을 요구할 것이다." (토머스 트리드먼, 《세계는 평평하다》 저자)[2]

"직업 전선으로 바로 진출하는 고교 졸업생에게도 기초적인 수준의 대수학은 필요하다." (미국수학교사회)[3]

"21세기에 먹고살 만한 임금을 주는 직업을 구하려면 대수학을 필수로 공부해야 한다." (전미수학및과학계획)[4]

"미국의 고용주들은 적정한 기술을 갖춘 지원자를 충분히 확보하지 못하고 있다. 특히 과학, 기술, 공학, 수학 부문에서 이러한 현상이 두드러진다." (엑손모빌 CEO)[5]

한 가지 문제가 있다. 넘치는 권위와 호쾌한 지원에도 불구하고 그들의 말은 '모두 틀렸다'는 사실이다. 우리 시대는 고도화된 기술 시대다. 이 동력은 분명 지속할 것이고 아마 계속 확대될 것이다. 개인적으로는 수학 방정식이 우리가 의지하는 혁신에 핵심 역할을 담당하리라 믿는다. 하지만 또 다른 목소리도 들려온다. 새로운 시대의 요구를 충족하려면, 우리는 모두 지금껏 특화된 분야로 남아 있었던 특정 분야에서 전문가가 되어야 한다는 이야기다.

극단적인 제안이 남발한다. 어린 시절부터 시작할 예정이라지만, 그 파문은 우리 사회 전반에 영향을 미칠 것이다. 이미 굳건하게 자리 잡은 커먼 코어에 따르면 모든 어린 학생은 자신의 흥미나 열정과 무관하게 고등 대수학을 통달해야 한다. 이러한 요구 사항은 아주 실제적인 이유에서 비롯한다. 평범한 직업에서도 3항식을 사용하는 업무를 다뤄야 한다는 것이다. 하지만 실제로 우리 일터가 그러한지, 현주소와 전망을 살펴볼 필요가 있다.

이와 관련해 미국노동통계국이 제공하는 자료[6]가 가장 믿을 만하다. 통계국은 건축업자에서부터 동물학자에 이르기까지 미국의 수천 개 직업을 분류해 종사자 수를 집계하고 있다(가령, 2012년에 미국의 건축업자 수는 107,400명, 동물학자 수는 20,100명이다). 이후 이 기관은 나름대로 분석한 사회적, 경제적 추세를 바탕으로, 다가오는 미래에 각종 분야에서 얼마나 많은 직업이 생겨날지 예측했다. 이러한 분석 및 예측을 집대성해 2년 마다 〈직업 전망 핸드북Occupational Outlook Handbook〉이라는 제목의 포괄적 문건을 발표한다. 이 자료는 인터넷에서 전문을 구할 수 있다.

나는 전체 고용 현황과 수학 관련 직업을 살피기 위해 2014~2015년 출판본을 정독했다. 2012년 전체 고용 인력은 145,335,800명이었고, 10년 후 이 숫자는 160,983,700명으로 예측되었다. 15,627,900명이 더 고용되면서 10년간 고용인력이 10.8퍼센트 증가하는 셈이다.

하지만 통계국은 얼마나 많은 직업에 수학이 필요할지 예측하지 않고 있다. STEM이 필요한 직업의 숫자 또한 마찬가지다. 어떤 직업을 여기에 포함해야 할지 공통된 합의가 존재하지 않기 때문이다(건축업자는 포함되겠지만, 동물학자는 애매하다). 내가 보기에는, 조지타운 대학교 교육직장센터가 실시한 2008년 분석이 최고의 추정치를 내놓았다. 이 분야에서 드높은 명성을 자랑하는 해당 센터는 730만 명의 남녀가 수학 실력이 필요한 직업을 갖게 될 거로 전망했다.[7] 이는 모든 성인 고용 인력의 5퍼센트에 해당한다. 실제로 이 숫자는 사뭇 너그러운 기준을 적용한 결과다. 조지타운 그룹은 학교 심리학자, 조경사, 고고학자와 같은 직업에서도 STEM을 갖춰야 한다고 분류했기 때문이다. 그들은 전체 고용 현황에서 STEM이 차지하는 비율은 조금씩 올라 2008년 5.0퍼센트였던 비율이 2018년에는 5.3퍼센트로 오를 거로 전망했다. 10년간 0.3포인트가 오르는 것이다.

통계국이 발표한 고용 수치를 다시 한번 분석해보자. 일부 STEM 직업의 성장률은 지난 10년간 기록했던 10.8퍼센트와 비교하면 매우 느린 편이다. 최근 10년간, 미국 전체를 기준으로 통계국은 화학자와 재료 과학자는 5,400명, 물리학자는 2,400명, 수학자는 800명이 추가로 필요하리라고 예측한다. 하지만 이러한 과학자들에게 주어지는 일자리는 매년 900개가 늘어나는 데 그친다. 실제로 화학자가 늘어나는 비율 4.4퍼센트는 전체 고용 증가율의 절반밖에 되지 않는다. 최소한 그들의 가장 큰 고용주인 미국국가안보국NSA에서 일한다고 가정해도, 수학자의 비율은 조금 나아지는 정도에 그친다.

기술자 수가 부족하다는 큰 착각

통계국의 분석으로는, 기술자의 수는 2012년 1,452,400명에서 2022년 1,582,800명으로 늘어날 전망이다. 종합하면 130,400명의 새 기술자들이 생겨 9퍼센트가 상승하는 셈이며, 이는 신규 고용률 10.8퍼센트보다 낮은 수치다. 이는 곧 다른 직업보다 기술자의 수요가 낮다는 것을 의미한다. 어떻게 된 걸까? 도로건 교각이건, 메인프레임 조립이건, 소프트웨어 설계이건, 기술자들은 사업의 중추를 담당한다는 말을 오랜 기간 들어오지 않았던가?

통계국이 연구한 15개 기술 분야 가운데, 9개 분야의 인력은 2022년까지 줄어들 거로 예상된다. 이처럼 절대적인 숫자가 줄어드는 분야는 항공우주, 원자핵 분야를 비롯해 기계 공학, 전기 공학 분야도 포함한다. 나아가, 늘어나는 분야 또한 증가 폭이 가파른 것은 아니다. 의료 공학과 안전 공학에 종사하는 인력 또한 매년 260명밖에 늘어나지 않는다. 그리고 매년 추가로 필요한 광부 숫자는 100명이다.

나 또한 이러한 직업(가족 내과의나 조사 저널리스트 등)에 종사하는 사람이 늘어나야 한다고 생각한다. 이들 직업은 공공 이익 개선에 도움을 주기 때문이다. 하지만 이런 말은 윤리적인 수사에 불과하며, 더 건실한 배우자나 조심스러운 운전사를 만나면 좋겠다는 말과 다를 바 없다.

경제학원론에서 배운 바를 떠올려야 할 시점이다. 사람들이 바라는 급료를 감당할 정도의 돈을 벌 수 있어야 그 분야에서 새로운 직업이 등장하는 법이다. 사기업은 고용한 근로자가 영업이익을 늘릴 수 있다고 생각해야 기업의 문을 연다. 정부와 비영리 기관은 세금이나 기타 자원을 통해 재원을 마련할 수 있어야 공무원을 채용한다. 디즈니 같은 회사가 새로운 애니메이션 프로젝트를 기획하고 있다면, 더욱 많은 수학자를 고용하려고 예산을 배정할 것이다. 마찬가지로, 나사는 가용 예산이 늘어난 경우에만 항공우주 공학자들의 채용 규모를 늘릴 수 있다.

노벨 경제학상 수상자인 조지프 스티글리츠와 함께 중국과 관련해 나눈 대화가 떠오른다. 중국은 매년 수백, 수천 명의 새로운 공학자를 배출하고 있다. 미국은 이 숫자를 따라잡거나 최소한 비슷하게 가야 한다는 압박에 시달린다. 우리 또한 공학자를 그만큼 배출했다고 상상해 보자. 하지만 그는 이렇게 덧붙인다. "미국의 경제 여건을 고려할 때, 그토록 많은 공학도를 수용할 방법은 어디에도 없습니다."[8] 간단히 말하면, 중국은 인프라 프로젝트에 투자하는 공적 자금 덕분에 기술 인력을 위한 일자리를 충분히 공급할 수 있다. 또한 중국은 많은 무역 흑자를 내다 보니 급증하는 산업 분야에서 비용을 충분히 감당할 수 있다. "100년 전에는 미국도 마찬가지였죠." 스티글리츠는 이렇게 덧붙였다. "지금 그 시절을 다시 기대한다는 건 순진한 생각이에요."

지금은 새로 유입되는 STEM 졸업생을 소화할 만한 재원이 부족하다. 물론 그렇지 않은 상황도 있다. 플로리다의 한 커뮤니티 칼리지는 광자 레이저 과정을 개설했다.[9] 인근에 자리한 노스롭 그루먼 공장에서 해당 기술을 갖춘 인력이 필요하다고 했기 때문이다. 안타깝게도 펜타곤은 광자 레이저 계획을 중단했고, 그 결과 관련 기술을 갖춘 인력이 직장을 잃은 것은 물론 새로 취업할 기회 또한 찾지 못했다(거시경제학 교과서는 그들에게 인력 수요가 폭증하는 유타주로 이사 가라고 할지도 모른다. 하지만 과정을 마치기 위해 융자를 받았던 미혼모에게 이사를 강요할 수는 없는 일이다). 2014년 여름, 마이크로소프트는 18,000명의 직원을 해고했다.[10] 그들의 기술과 용역이 더 이상 필요하지 않다는 것이 이유였다. 하지만 지금 마이크로소프트는 실력을 갖춘 지원자가 없다며 인력 부족을 호소하고 있다(여기에 어떤 모순점이 있는지는 나중에 다루겠다).

하지만 전기 공학자의 수요는 왜 감소할까? 한때 제너럴 일렉트릭이나 제너럴 다이내믹스, 웨스팅하우스와 웨스턴 일렉트릭은 어마어마한 근로 시장을 제공했다. 하지만 이러한 회사들의 일자리는 야금야금 줄어들기 시작했다. 회사 기술자들은 그들만의 독창성과 기술력을 발휘해 장비와 공정을 개선했다. 그 결과 운영 및 관리 인력은 과거에 갖췄던 수준의 기술을 갖출 필요가 없어졌다. 브리티시 컬럼비아 대학교와 요크 대학교에서 연구하는 폴 보드리 팀은 이런 현상을 가리켜 "탈숙련화Deskilling"라고 부른다.[11]

대단히 놀라운 현상이다. 날이 갈수록 복잡해지는 이 시대에 대처하려면 더 많은 사람이 똑똑해져야 한다는 생각은 일견 합당해 보인다. 하지만 보드리 그룹의 연구는 "고도로 숙련된 근로자들이 직업 사다리의 아래쪽으로 내려와, 숙련되지 못한 근로자들이 과거에 담당했던 일을 맡고 있다"라고 밝힌다. 나 또한 STEM 분야의 졸업생이 기대하는 수준의 직업에 종사하지 못하는 현실을 자료로 보여줄 생각이다. 그들에게 필요하다던 수학 실력을 갈고닦아 왔는데도, 이 직업의 수요가 현저히 줄어든 탓이다.

한때 공학 전공자가 전담했던 직무를 지금은 누가 다루고 있을까? 브루킹스 연구소가 2013년에 실시한 한 연구에서는 "STEM 직종 가운데 절반은 4년제 대학 졸업장이 없어도 충분히 작업을 수행할 수 있다"고 밝힌다.[12] 지금 이러한 일을 맡는 인력 중에는 2년제 대학 졸업자도 있고, 자격증을 딴 사람도 있다. 하지만 고등학교 졸업생이 일을 배워서 하더라도 크게 뒤지지 않는다. 또한 여기에서 필요한 실력은 전통적인 수학 실력이 아니라, 공정이나 장비에 필요한 '숫자'를 다룰 줄 아는 것으로 충분하다. 이러한 직업 대부분은 새로 등장한 직종들이며, 하루가 다르게 늘어나는 중이다. 여기, 통계국의 도움을 받아 몇 가지를 예시로 언급하겠다.

연구 결과, 미국의 공학도들이 얼마나 슬픈 운명에 처해 있는지가 여실히 드러난다. 앞서 언급한 것처럼 통계국은 미국이 2022년까지

산부인과 초음파기사	측지학 조사원
항공전자장비 정비사	반도체가공 기술자
속기사	임상 사혈瀉血 전문의
암호해독자	환경 조사원
논리학자	종양등록전문가
전자기안자	핵감시기술자
멀티미디어 애니메이터	보철전문가
산불예방전문가	압출가공전문가
연속채탄관리원	디지털이미지전문가
초음파심장전문가	전기생리학자
신경과학간호사	악안면顎顔面 방사선전문의
종관縱貫기상학자	필라테스장비 디자이너
원유펌프시스템측정사	원격감지전문가

130,400명의 공학도를 배출한다고 전망한다. 이 책을 쓰던 2013년에는 미국 칼리지와 종합대학들이 86,000명의 신출내기 공학도를 배출한 상태다. 이 비율로 간다면 앞으로 10년간 공학 학위를 받은 공대 졸업생은 860,000명으로 불어날 것이다. 하지만 이 숫자는 통계국이 전망한 새로운 일자리 수보다 6배나 많은 수치다. 그렇다면 그들에게 무슨 일이 일어날지 따져보자.

실제로 공학 관련 직업 대부분은 새로 생긴 일자리를 먼저 채운 다음, 자발적이든 비자발적이든 일을 그만두는 사람들 자리에 들어간다. 기업이나 기관은 20대가 받아들일 만한 수준의 급여를 제시해 공과대학 졸업생을 고용한다. 하지만 급여가 많이 오른다는 보장은 없다.

기술자 임금 중간값을 보면 이러한 현실이 명확해진다. 중간값이란 중간 정도의 경력을 지닌 기술자가 받는 급여 수준을 나타내기 때문이다. 통계국의 급여 실태 조사에 따르면 2014년에 토목 기사의 중간값은 71,369불, 항공기사의 중간값은 96,980불이었다.* 한편 간호사의 중간값은 83,980불, 약사의 중간값은 101,920불이다.

물론 중간값이란 하위 절반의 임금은 그보다 낮다는 의미다. 다른 직업과 비교하면, 기술직은 정년이 짧아서 고용 시장의 주축을 젊은 사람이 곧 차지한다. 결혼해서 가족을 꾸리는 기술자는 영업이나 중간 관리직으로 직무를 전환하므로 새로운 졸업생이 중간 수준 이하 연봉으로 그 자리를 대체한다. 기술자 급여를 높여주거나, 변호사나 의사에 뒤지지 않을 성공 진로를 만들어낸다면 이러한 비효율 문제는 개선할 수 있다. 하지만 고용주들은 그렇게 할 필요를 느끼지 못한다. 매년 86,000명의 졸업생이 시장에 쏟아져 나오기 때문이다. (이 밖에도, 곧 언급하겠지만 다수의 H-1B 비자 소지자가 대기하고 있다.) 결국 잘 훈련된 대다수 인력이 기술을 쓰지 못하면서 인력은 낭비된다.

2014년 미국과학위원회 National Science Board 집계로는, 과학과 공학 분야의 학위자 수는 1,950만 명에 달하지만, 540만 명(28퍼센트)만이 STEM 분야에서 일하고 있다.[13] 최근 경제정책연구소가 실시한

---

* 130,280불의 고연봉으로 선두를 달리는 직업은 석유 엔지니어다. 하지만 이들의 급여는 집을 떠나 가족과 떨어져 있으면서 사막의 모래와 극지의 얼음과 싸우는 특별 수당(유가가 하락할 때 해고될 수도 있는 위험수당도 들어 있다)을 포함한다.

2010~2012년 조사는 공대 졸업생 중 28퍼센트가 자기 전공과 무관한 직업을 갖거나 실직 상태인 것으로 밝혔다.[14] 컴퓨터 과학이나 수학과 졸업생은 더욱 암담하다. 이 중에 무려 38퍼센트가 기대했던 일자리를 얻지 못한다. (실제로 의학과 교육학 전공자의 고용 현황이 훨씬 나은 것으로 드러났다.)

구인난의 숨겨진 진실

이러한 다양한 증거에도, "뒤처질지 모른다"라는 두려움을 떨치기 힘든 모양이다. "미국은 충분한 수의 과학 및 공학 분야 졸업생을 배출하지 못하고 있다."[15] 아카이브 그룹이 한 말이다. 그들은 커먼 코어의 확산을 해결책으로 생각한다. 텍사스 상원의원 존 코닌도 비슷한 이야기를 한다. "우리 모두 아는 것처럼, 여러 직종은 구인난을 겪고 있습니다. 특히 하이테크 분야에서 심합니다."[16] 마이크로소프트의 상담 인력은 "사람을 구하기가 힘들어요. 구인난은 갈수록 심해집니다"[17]라고 말한다. 버락 오바마 대통령의 한 자문 위원은 "미국이 과학기술 분야에서 예전처럼 앞서가려면"[18] 매년 STEM 졸업생 숫자를 30퍼센트까지 늘려야 한다고 주장한다. 왜 많은 사람이 이렇게 주장할까? 우리가 방금 검토한 STEM 분야 고용 시장의 우울한 현실을 모르는 걸까?

이 마당에 무슨 일이 일어나는지 살펴보자. 2014년, 〈뉴욕타임스〉 기자가 위스콘신에 있는 금속 가공 기업을 방문했다. 이 회사의 CEO는 최근에 원서를 제출한 입사지원자 1,051명 중에 회사에서 필요한 기술을 갖춘 인력은 겨우 10명에 불과했다고 투덜댔다.[19] 회사는 채용의 문을 열었지만, 적합한 인력을 찾을 수 없었다. 게다가 이 회사가 신입사원에게 지급하는 급여는 시간당 10불인데, 맥도날드 시급 아르바이트와 비슷한 돈을 받고는 일하기 싫은 기술 인력도 있을 것이다.

통계국은 '구인난'을 "특정 직업과 관련해, 직무역량을 갖추고, 일할 수 있고, 일할 의지가 있는 근로자의 공급보다 근로자 수요가 많은 상태"[20]라고 규정한다. 따라서 고용주가 구인난을 호소한다고 구인난이 인정되는 것이 아니다. 잠재적 근로자들이 일자리를 받아들일 생각이 있어야 한다. 그들은 알쏭달쏭한 이유를 들어 지원하지 않을 수 있다. 하지만 자유 노동 시장에서는 그들의 취향이 수요공급을 결정하는 요소로 작동한다.

미시경제학을 다시 생각해보자. 회사가 밀려드는 주문을 소화하지 못하면 공급 물량을 감당하려고 필요한 인력을 끌어들이려 임금을 올리기 마련이다. "여전히 인력난에 시달린다면 임금을 인상할 수밖에 없습니다."[21] 키스톤 리서치 센터의 마크 프라이스는 지적한다. 하지만 고용주는 사람을 구할 때 두 마리 토끼를 잡으려 한다. 한편으로는 특화된 기술과 경험을 갖춘 인력을 바라면서, 다른 한편으로는 그들이 적당한 연봉으로 만족하길 바란다. 보스턴 컨설팅 그룹은 이러한 욕심은 신기루에 불과하다고 말한다. "고숙련 근로자를 저비용으로 고용하려는 것은 기술 격차가 아니다."[22]

마이크로소프트는 가장 큰 목소리로 구인난을 하소연해 왔다. 2014년, 마이크로소프트는 〈국가인재전략A National Talent〉이라는 제목의 32

쪽짜리 보고서를 냈다. 이 보고서 내용만 보면, 미국 대학은 경제 규모에 맞는 컴퓨터 과학 분야 전공자를 절반밖에 배출하지 못하고 있다. 보고서에는 마이크로소프트가 제시한 교육 방식을 더 일찍 시작해야 한다는 내용이 담겨 있다. "모든 학생이 이러한 밑바탕 지식을 습득할 기회를 잡으려면 고등학교부터 컴퓨터 과학을 폭넓게 접해야 한다."[23]

하지만 마이크로소프트가 제시한 많은 통계 중에 몇 가지는 아무 근거가 없다. 우선 컴퓨터 과학 전공자는 2004년 59,488명에서 2013년 50,962명으로 줄어들었다.[24] 학생들이 관련 직업의 전망에 따라 전공을 선택한 지난 9년간 이러한 현상이 벌어진 것이다. 컴퓨터 과학을 전공해도 취업이 어려울 것이라는 이야기가 돌았던 것이 사실이다. 아마도 학생들은 미국전문프로그래머협회가 시행한 조사 결과를 알고 있을 것이다. 회원으로 가입한 전체 프로그래머 중 절반이 연봉 41,000불 이하였고, 70,000불을 받는 사람은 8퍼센트에 그쳤다.[25]

적합한 인력이 부족하다고 느끼는 이유는 기업의 기대 수준이 높아진 탓일 수 있다. 미네소타의 와이오밍머신이란 회사는 무기를 제작해 군사용 험비차량에 장착한다.[26] 이 회사의 시간당 임금은 20불부터 시작하고 추가 수당도 넉넉히 지급한다. 하지만 〈뉴욕타임스〉는 이 회사의 오너 또한 필요한 기술을 갖춘 인력을 찾지 못하고 있다고 보도한다. 이 회사에서 작업하는 험비에는 새로운 용접 기술이 필요하다. 이 제품에 맞는 온도, 가스, 압력을 숙지해야 한다. 하지만 이러한 지식과 기술을 겸비한 지원자를 찾기란 매우 어렵다.

인근에 있는 커뮤니티 칼리지가 고급 용접 기술 과정을 개설하고 있지만, 졸업생이 험비의 무장에 필요한 수준에 도달하기란 쉽지 않다. 서던캘리포니아 대학교의 알렉 레벤슨은 대부분 직업 프로그램 또한 "작업 현장의 맥락이 아닌, 상아탑의 맥락에서 기술을 응용할 뿐"[27]이라고 말한다. 따라서 더욱 많은 STEM 학위자가 배출되더라도 신규 입사자가 해야 할 일이 쌓여 있지 않은 이상, 별 소용이 없어진다. 〈뉴욕타임스〉에 실린 2014년 구인광고는 이런 스펙을 요청했다.

> 엔지니어 III. RFI 공정 조력, 주문 변경, 게시판, 추록. 스펙 개발, 담론 체계, 레이아웃. QA/QC 프로세스 관리감독. sys 애플리케이션, 디자인, op.parameters/sequence 구축. 현장점검. 기타 부서 및 디자인 팀과 협업. 캐드, 오토캐드, MS Suite, 어도비 아크로뱃, 유체 흐름, LEED 원칙, RevitMEP 코드, 에너지 분석 소프트웨어를 비롯한 관련 디자인 및 계산 소프트웨어.[28]

이전에 기업들은 몇 달씩 걸리는 내부 연수 프로그램을 당연한 듯 운용해왔다. 만만치 않게 소요되는 비용을 일종의 투자로 간주했던 셈이다. 하지만 이제 이 비용을 최대한 줄이려 한다. 그들은 다양한 성향 및 취향에 맞게 오랫동안 훈련을 받아 어떤 사람의 비위에도 맞출 수 있어야 한다. 마치 데이트 상대 소개소에서 일할 사람을 찾는 느낌이다. (예컨대 상대방이 태국 음식을 좋아한다면 군말 없이 같이 먹어야 한다.) 금속기술자의 시간당 임금이 10불이고, 컴퓨터 과학을 전공한 전문 프로그래머들의 연봉은 4만 불이다. 이러한 현실을 생각하면 기술자가 다른 일을 찾는 걸 충분히 이해할 수 있다.

'해외 우수 인력'의 허실

"미국의 많은 산업은 기술이 필요한 직업을 숙련된 근로자로 채우지 못하고 있다." 마이크로소프트가 발간한 〈국가인재전략〉에서 반복하는 주장이다. 이 나라 전체를 당황스럽게 하려는 듯, 마이크로소프트는 미국 대학생 중에 무사히 졸업장을 따는 공대생 비율이 4퍼센트에 그친다고 지적한다. 중국은 이 비율이 30퍼센트에 근접한다.

지금부터 갑자기 맥락에서 벗어난 이야기를 하는 것처럼 보이겠지만, 알고 보면 결코 엉뚱한 이야기가 아니다. 농업 이야기다. 최소한 50년 넘게 미국의 농업 분야는 작물을 수확하고 관리할 인력이 부족하다고 주장해왔다. 구인 광고 현수막을 아무리 많이 내걸어도 사람은 모이지 않았고, 높은 실업률로 신음하는 지역에서도 예외는 아니었다. 농민들이 주장했던 우울한 '인력난' 탓에 인력 공백은 계속되었고, 작물은 썩어나갔다. 그러다 보니 농민들은 외국에서라도 인력을 들여와야 한다고 주장하기에 이른다. 최근 우리가 소비하는 과일이나 채소 대부분은 멕시코, 중남미, 서인도제도에서 유입된 노동자들이 추수한다. 두말할 필요 없이, 임금은 낮고 일은 불안정하다. 말 그대로 허리가 휠 정도로 힘들고, 특별 수당은 꿈도 못 꾸며, 복지 혜택 또한 전무하다. 실제로 미국이라는 국가는 태생 초기부터 고용주들이 근로자의 임금을 낮추기 위해 절박할 정도로 다른 나라의 인력에 의지해왔다.

오늘날 기술 분야에서도 똑같은 목소리가 들린다. 기술 산업은 손과 몸이 아닌 지적 능력이 필요하다는 사실만 다르다. 따라서 기술 산업은 H−1B 법령에 많은 부분을 의지한다. 많은 논란을 낳은 이 법률은 일정한 기술을 갖춘 해외 인력에게 특별 비자를 발급하도록 규정한다. 2012년 말 기준, 미국에 이 비자로 입국해 일하는 해외 근로자의 수는 262,569명이다.[29] 인도가 가장 많고(168,367명), 중국이 그에 한참 못 미치는 2위(19,850명)를 기록하고 있다. 인도가 압도적 1위를 기록한 이유는 명백한데, 그들은 영어를 사용하기 때문이다. 입국하자마자 직무를 수행해야 하는 임시직 근로자에게는 아주 중요한 능력이다. H−1B 비자 발급 직업군 중 1위는 컴퓨터 관련 직업이고, 2위는 엔지니어였다. 실제로 예술 관련 직업으로 비자를 받은 사람들은 2,619명에 그쳤다. 이마저도 순수 예술이 아닌 비디오 게임에 들어가는 그림 작가가 대부분이었다.

마이크로소프트는 미국 기업 중 가장 많은 외국인 근로자를 채용한다. 인텔과 IBM, HP와 오라클이 그 뒤를 차례로 잇고 있다. 라이트 에이드, 골드만삭스, 딜로이트, JP 모건체이스 등도 H−1B 비자 인력을 채용한다.

그렇다면 여기서 중요한 의문이 든다. 미국 국민은 왜 이 262,569개의 일자리를 차지하지 못한 걸까? 최근에 집계된 2003~2013년 통계치를 보면, 미국의 대학이 배출한 컴퓨터 과학 전공자는 460,726명으로 상당한 규모를 자랑한다. 하지만 앞서 살핀 것처럼 그들은 자신의 학벌과 연관된 직업을 찾지 못한 상태다. 캘리포니아 대학교 데이비스 캠퍼스의 컴퓨터 과학자 노먼 매트로프는 H−1B 인력을 대상으로 광범위한 분석을 시행했다. 그는 대부분 인력이 20대 중후반이며, 갓 캠퍼스를 벗어난 졸업생 평균 나이와 크게 차이가 없다는 사실을 알 수 있었다.[30] 인도와 중국의 컴퓨터 교육이 미국보다 더 나을 리도 없다. 그렇다면 고용주가 그러한 선택에 끌리는 이유는 무엇일까? 해외 근로자가 농작물 추수를 전담하는 것과 비슷한 이유에서다. 두 사례 모두 비국적자는 미국인 기준에서 봤을 때 덜 매력적이고 전망이 없는 일자리라도 기꺼이 받아들인다. 인도 출신 젊은 프로그래머는 미혼이거나 사귀는 사람이 없는 경우도 많고, 고향에서 포부를 펼치기 위해 타국에서 5년 정도 허리띠를 바짝 졸라맬 각오가 되어 있다. 또한 그들은 승진할 생각도 없어서 회사에서 직업 진로를 신경 쓰지 않아도 된다.

또한 급여 문제도 있다. 조 로프그렌은 미국 의회에서 실리콘밸리 측 목소리를 상당 부분 대변하고 있다. 그가 공개한 2011년 통계를 보면, H-1B 비자 노동자가 받는 급여는 비슷한 경력의 내국인이 받는 급여의 57퍼센트 수준이다.[31] 비자 지원자는 특정 고용주에게 반드시 "후원을 받아야" 한다. 일단 입국하면 그들은 해당 고용주에게서 벗어날 수 없다. 근로조건이 열악해지거나 다른 오퍼가 들어오더라도 한 회사에 붙어 있어야 한다. 경제정책연구소의 로스 아이센브라이는 이렇게 요약한다. "그들은 상당 부분 한 직장에 매이게 됩니다. 고용주가 주는 대로 급여를 받을 수밖에 없지요."[32]

그들이 어떤 '기술'을 지녔건, 회사에서 난도 높은 업무를 배정받는 일은 거의 없다. 매트로프의 표현으로는 "평범한 사람이 평범한 일을 하게 된다."[33] 보통 그들은 좁은 방에 앉아 세상을 돌아가게 할 끝없는 코드를 토해낸다. 물론 대부분 외부인이 보기에는 그들이 하는 일이 신비로워 보일 수 있다. (이 책의 다른 장에서 코드의 얼개를 보여줄 것이다.) 하지만 회계 감사원은 H-1B 인력 가운데 '최고 능력자'로 분류되는 비율이 17퍼센트 미만이라고 밝힌다.[34]

코딩이란 기계가 따를 수 있도록 지시를 내리는 작업이며, 수십억 개의 문장을 고안해야 한다. 고도의 감독 기능이 필요한 이런 프로젝트는 어려운 작업이 될 수밖에 없다. 창의력을 발휘하는 기획자의 이면에는 모든 부호, 문자, 숫자를 정확히 입력해야 하는 수십, 수백 명의 프로그래머가 있다. 부호 하나만 잘못 입력해도 국가 보건 프로그램에 등록된 수많은 사람을 위험에 빠뜨릴 수 있다. 우리 시대의 STEM 폭증 현상은 좁은 방에 틀어박혀 등을 굽히고 침침한 눈으로 화면을 살피는 수많은 인력 덕분이기도 하다.

기업들은 노동 인력이 넘쳐나길 바라며, 지금 일하는 사람은 자신이 다른 인력으로 대체될지도 모른다고 계속 두려워하길 바라는 것 같다. 게다가 직원들 급여가 줄어들수록 임원 급여는 계속 올라간다. 매트로프는 이러한 '구인난' 구호가 실제로는 "더 저렴한 노동 인력"을 바라는 산업의 문제일 뿐이라고 기술한다.[35]

기업의 시각이 이렇다 보니 소득 격차는 심해지고, 새로운 계층도 형성된다. 하지만 초창기와 달리, 최근에는 사회의 하류 계층이라도 상당한 수준의 기술력을 갖추어야 한다. 방금 살핀 것처럼, 새로운 혁신을 일구는 전문가 하나가 탄생하려면 수많은 프로그래머가 한 타 한 타 정확히 쳐넣어야 한다(앉아서 원장에 합계를 기입하는 크라칫과 바틀비[찰스 디킨스의 소설 〈크리스마스 캐롤〉의 등장인물이다 — 옮긴이]를 떠올려보라). 그들은 고도의 기술을 갖춘 프롤레타리아들이다. 앞서 언급한 것처럼, 70,000불의 연봉을 받는 사람은 10명당 1명꼴이다. 정년이나 마찬가지인 35세 근방에 무슨 일을 하고 있느냐 하는 논의는, 기술은 높은데 임금이 낮은 사람들과는 관계가 없다.

토요타가 지역의 토종 인력을 선택한 이유

2008년, 조지 부시 정부의 교육부 장관 마거릿 스펠링스는 수학 교육 관련 패널을 소집했다. 그녀는 젊은 층 가운데 절반이 "자동차 공장에서 일하기 위한 수준의 수학 실력조차 없다"고 발표했다.[36] 고등학교 졸업생 3분의 2 이상이 2년 넘게 대수학을 공부하는 현실을 생각하면 아주 혹독한 비판을 가한 셈이다. 3항식을 인수분해하는 그들인데 왜 현장에서 필요한 수학적 지식은 부족한 걸까? 아니, 이러한 의문 자체가 잘못일 수 있다. 학자로만 구성된 패널이 현장을 방문하지도 않고 현장에서 필요한 수준을 획일화한 것은 아닐까? 세인트 올라프 대학교의 린 아서 스틴은 이렇게 답한다. "수학 교사들은 수학자 외의 사람에게는 수학이 어떻게 쓰이는지 잘 모릅니다."[37]

나 또한 정확한 현실을 짚어보기로 마음먹었다. 미국의 가장 복잡한 제조시설로는 독일과 일본 기업이 운영하는 공장을 꼽을 수 있다. 여기 그들이 선택한 네 군데 공장 부지를 소개한다.

하이테크 자동차 제조 시설 소재지

회사	위치	수학 낙제율[●]
닛산	테네시 커피 카운티	134퍼센트
BMW	사우스캐롤라이나 스파턴버그 카운티	137퍼센트
혼다	앨라배마 세인트 클레어 카운티	146퍼센트
토요타	미시시피 유니언 카운티	161퍼센트

● 미국 전체의 낙제율을 100퍼센트로 간주

　이 부지들은 사우스캐롤라이나 스파턴버그 카운티, 테네시 커피 카운티, 앨라배마 세인트 클레어 카운티, 미시시피 유니언 카운티로 요약된다. 그들이 노동조합에 우호적이지 않은 지역만을 골랐다는 건 인정한다. 하지만 최신 장비를 완벽히 다룰 줄 아는 근로자를 원한다고 가정하는 편이 나아 보인다. 오늘날에는 컴퓨터 칩이 자동차를 조종하며, 자동차에는 각종 전자 경보장치가 내장되어 있다. 자동차 조립 공장에서는 좌석과 차창을 설치하는 것 이상의 작업이 이루어진다. 하지만 이러한 지자체에서 주목할 것은 낙제율이 미국 평균을 훨씬 뛰어넘는다는 사실이다. 그렇다 해도 이 공장들은 하나같이 훌륭한 자동차를 제작하며, 근로자 또한 이 지역에서 자란 토종 인력으로, 다른 지역의 같은 나이대 인력보다 대수학 수준이 떨어지기 마련이다. 이곳 고용주들은 지원자의 업무 습관과 태도만 좋다면 필요한 업무 지식을 가르칠 수 있다고 생각한다.

　그렇다면 그들에게 필요한 수학은 어느 수준일까? 비즈니스연맹 National Alliance of Business의 경제학자 린다 로젠은 "작업장에서의 문제 대부분은 기본적인 산수에 속하는 사칙연산으로 풀 수 있었다."[38] 나는 미시시피에 공장을 둔 토요타가 인근의 노스이스트 미시시피 커뮤니티 칼리지와 협업 관계를 구축했다는 정보를 습득했다. 이 대학은 조립 라인 근로자에게 필요한 수학 수열을 개발했다. 이를 가르치는 마이크 스노덴은 기존 교과서는 참고하지 않는다고 말했다. "기계 작업에 필수적인 대수학과 삼각함수 과정에 집중해야 하기 때문이다."[39]

실제로 학교에서 배우는 정규 대수학 과정은 비생산적일 수 있다. 미시간 주립 대학교의 존 스미스는 실시간으로 운영되는 제조 현장에서 오랜 기간 근무했다. "현장에서의 수학적 추론은 학교에서 배우는 수학과는 현격히 다르다. 실제로 학교에서 가르치는 알고리즘은 현장에서 쓰이는 계산법과 다른 경우가 많다."[40] 핵심 이유가 "작업 현장을 잘 아는 선생이 거의 없기 때문"이라고 그는 덧붙인다.

기초적인 수학 상식이 있는가?

수학을 그렇게 강조하는데도, 산수의 중요성은 간과하는 경우가 많다. 스틴은 이렇게 주지한다. "지금 일하는 사람을 비롯해 앞으로 일자리를 구할 사람에게 부족한 것은 미적분이나 고등 대수학이 아니라, 고등학교에서 배우는 기본적인 수학 실력이다. 하지만 고등학교에서 이러한 기본 수학을 많이 배워야 하는데도, 그렇지 못한 것이 현실이다."[41] 실제로 연산에 바탕을 둔 기초 수학 실력은 미분방정식만큼 중요하다.

하지만 수학 권위자들은 기초 수학을 마치 퇴물처럼 취급하고, 기존의 교육 과정을 대체하는 어떤 대안도 허락하지 않으려 한다.

기업이 후원하는 '미국 학위 프로젝트American Diploma Project'를 보자. 이 프로젝트는 소파 덮개를 가는 기능인도 고등수학을 배워야 한다고 주장한다. 그들은 이러한 주장을 뒷받침하려고 미연방항공국에서 시행한 테스트를 인용했다. 항공국은 유능한 기계 정비 인력이 항공기를 안전하게 유지한다는 철학을 바탕으로 이 테스트를 고안했다.[42] 여기에 그들이 제시한 문제 하나를 소개한다. 대략 보아도 고등수학 문제가 아니기에 나 또한 이 문제가 마음에 든다. 실제로 나는 내 수학 관련 수업을 듣는 학생들에게 이 문제를 풀도록 했다. 그들 모두는 기하학, 삼각법, 대수학 2년 과정을 공부했다. 하지만 정답을 맞힌 학생은 한 명도 없었다.

정답을 맞히려면, 탱크의 길이와 깊이는 인치 단위로 표시했지만 너비는 피트 단위로 표시했다는 것이 함정임을 알아채야 한다. 보통 물체

〈FAA 에어프레임과 파워플랜트 인증 절차〉

정육면체 모양의 연료 탱크가 있다. 길이는 27½인치(약 70센티미터), 너비는 ¾피트(약 23센티미터), 깊이는 8¼인치(약 21센티미터)다. 이 연료 탱크에는 어느 정도의 연료가 들어가는가? (231입방인치 = 1갤론)

  (a) 7.366갤론   (b) 8.839 갤론   (c) 70.156 갤론

의 부피는 이런 식으로 표시되지 않는다(마치 부피를 센티미터로 표시하는 것이나 마찬가지다). 문제를 너무 빨리 읽다 보니 학생들은 일관되지 않은 표기법에 대해선 간과한다. 그들은 으레 4분의 3을 27.5로 곱하고, 다시 8.25를 곱해 탱크의 부피를 계산한다. 이렇게 계산하면 7.366갤런이라는 값이 나오는데, 출제자는 이 값을 사지선다의 오답으로 반드시 넣어둔다. 정답을 구하려면 4분의 3피트를 9인치로 계산해야 하고, 이렇게 변환한 값으로 곱해야 정답 (b)를 구할 수 있다.

나는 이 문제를 특별히 좋아한다. 이 문제는 항공기계 전문가가 모든 지침을 세심히 읽고, 이상해 보이는 숫자가 나타나면 천천히 검토하도록 환기하는 것이 목적이다. 빨리 시험을 치르려 들다 보니, 우리는 쉽게 이러한 가치를 경시하며 그 대가를 톡톡히 치르곤 한다. 항공기계 전문가들은 조종사 못지않게 우리의 생명을 좌우하고 있다.

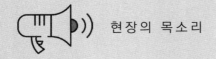

현장의 목소리

나는 실리콘밸리에 살아요. 모든 기술 분야에서 전문가를 알고 있죠. 하지만 자기 직업에서 실제로 고등수학을 활용하는 사람은 항공기사 딱 1명밖에 없는 것 같네요.

독일과 스위스 같은 나라에서 우리처럼 16세 학생 모두 똑같은 교과과정을 공부해야 한다는 말을 듣는다면 말도 안 된다고 생각할 거예요.

미국의 비즈니스가 쇠퇴하는 주된 이유 가운데 하나는 대수학 때문일 거예요. 한낱 땜장이나 발명가에서 시작해서 미국의 산업을 일군 거장들이 오늘날 비즈니스 스쿨에 들어갈 수 있었을까요. 그 학교들은 하나같이 지루할 정도로 수학을 강조하잖아요.

변호사 일을 하면서 사칙연산과 비율 계산이 필요한 때는 참 많습니다. 하지만 대수학, 삼각법, 미분, 기하학은 도무지 쓸 일이 없어요. 0.01퍼센트나 쓰인다면 다행일까, 완전히 시간 낭비, 노력 낭비입니다.

나는 MBA 과정을 이수했고, 금융업계에서 일하다가 은퇴했어요. 그런데 2차 방정식을 풀어야 했던 적은 한 번도 없어요. 구구단과 긴 나눗셈을 할 줄 아는 것으로 충분했어요.

나에겐 공인회계사 자격증이 있어요. 그런데 지금까지도 삼각법이 왜 필요한지 모르겠어요. 비즈니스 스쿨에서 왜 미적분을 배워야 하는지도 의문이고요. 한 번도 쓴 일이 없거든요.

난 대수학 지진아였어요. 대수학 수업에서 유익했던 거라곤 결혼 상대를 만난 게 전부였죠. 여전히 수학은 낙제했지만, 날 가르쳤던 선생님과 결혼해 올해 45주년 기념일을 맞게 된 게 유일한 수확이네요.

우리 부모님이 개인 과외를 시킬 정도의 경제력을 갖춘 덕분에 간신히 수학에서 낙제를 면할 수 있었어요. 지금은 마케팅 분야에서 경력을 쌓아나가고 있죠. 이 분야에서 일하는 데는 오직 산수 정도만 필요할 따름이에요.

4장

생각만큼 수학은
중요하지 않다

    미국의학대학협회AAMC는 14,240명의 의대생을 상대로 임상과 관련성 있는 입문 과정이 무엇인지 물어보았다.[1] 당연한 결과겠지만, 82퍼센트는 생물학이 중요하다고 대답했고, 생화학을 말한 비율은 79퍼센트였다. 또한 65퍼센트는 비교해부학을 언급했다. 꼴찌는 미적분이었다. 겨우 3퍼센트에 불과했고, 그나마 미적분을 언급한 학생 대부분은 연구 쪽으로 진로를 생각하고 있었다. 그런데 존스 홉킨스, 하버드, 듀크를 비롯해 캘리포니아와 텍사스에 있는 모든 의과대학은 지원자가 미적분을 비롯해 고등수학 전반을 통달해야 한다고 주장한다.

    한 내과 의사는 내가 쓴 〈타임스〉에 이렇게 기술했다. "의과대학에서는 미적분이라는 커다란 장애물을 넘어야 합니다. 의학과는 무관한 과목이죠. 정직한 내과 의사라면 바로 이때가 미적분을 사용했던 마지막 순간이라고 말할 겁니다." 내과 임상 경험을 되살려 아동용 책을 집필하고 있는 페니 노이스 또한 비슷한 이야기를 한다. "의과대학에 들어가려고 미적분을 공부해야 했죠. 하지만 해부학이나 약리학을 배우는 데 미적분이 필요했던 적은 단 한 번도 없습니다. 환자를 치료하는 데 미적분을 쓸 일도 전혀 없었죠. 미적분은 그저 통과 의례였을 뿐입니다. 솎아내는 과정이랄까요."[2]

수용 가능한 인원보다 지원자 수가 많으므로, 모든 지원 서류를 검토하려면 엄청난 시간이 소요된다. 지원자를 거르는 방법으로 한참 동떨어진 예비 과정 요건을 엄격히 설정할 수 있다. 미적분이 대표적인 예다. 의대 지원자라면 모든 과목에서 최고 성적을 기록해야 한다는 편견도 이러한 조치를 거든다. 그 결과 훌륭한 내과 의사가 될 수 있었던 많은 학생이 탈락한다. 아무런 의미 없는 진입 장벽 탓에, 그들은 자신의 재능을 펼칠 기회를 얻지 못한다.

뉴욕 마운트 시나이 의과대학 입학처장이자 내과의인 리처드 케인은 "환자를 치료하는 데 필요한 건 산수뿐이다"라고 확언했다.[3] 그는 임상의라면 저널에 실린 논문이나 학회 자료를 해독하는 데 필요한 통계 지식을 충분히 갖추어야 한다고 말했다. 예컨대 p값이 0.01 이하면 0.05 이하인 경우보다 상관관계가 높은 것인지, 낮은 것인지 정도는 알아야 한다. 나는 그의 말을 듣고 의과대학 입학시험에 나온 아래의 문제를 보여주었다.[4]

케인은 자신도 이 문제를 못 풀겠고, 왜 이런 문제가 의대 입학시험에 나와야 하는지 모르겠다고 했다. 실제로 MCAT(미 대학 졸업자가 의과대학원에 입학하기 위해 치르는 시험—편집자)에 출제되는 수학 문제는 몇 개 정도

양의 전하와 음의 전하가 0.5미터 간격으로 떨어져 있고, 각 전하의 질량은 9.11×10^{31}킬로그램이다. 중력(F_g)와 전자력(F_e)를 측정한 결과 F_g/F_e의 값이 1.12×10^{-77}이고, 전하 사이의 거리가 반으로 줄어든다면 F_g/F_e의 값은 어떻게 변하는가? (읽고 답할 시간: 80초)

(a) 2.24×10^{-77} (b) 1.12×10^{-77} (c) 5.6×10^{-78} (d) 2.8×10^{-78}

정답: (b)

다. 하지만 유능한 내과 의사가 되는 데 아무런 관련이 없다는 사실과 무관하게, 치열한 의대 입시에서는 이 몇 문제가 당락을 결정할 수도 있다.

앤서니 카르네발과 다나 데스로처는 근로자에게 어떤 기술이 필요한지 분석했다. 두 사람은 쓸데없는 자격 요건이 최고 인재들이 진입하는 데 걸림돌이 되는 현실을 우려한다. "일부 직업은 고차원적인 이론 수학을 자격 요건으로 요구합니다." 그들은 이렇게 기술한다. "고차원 수학이 일상 업무에 전혀 필요하지 않은데도 그렇습니다."[5]

보험계리인에게 필요한 수학

보험계리인도 좋은 사례다. 보험계리인은 숫자를 가장 많이 다루는 직업이다. 허리케인이 연안 마을을 강타할 가능성이 얼마인지, 얼마나 많은 아이가 신종 인플루엔자에 걸릴지, 접촉 사고가 난 차의 보험료를 얼마나 올려야 할지를 계산해야 한다. 수학, 특히 대수학은 다양한 변수가 방정식에 등장하는 경우 여러 확률을 계산하는 데 필수적이다. 따라서 수학은 꼭 필요하다. 문제는 얼마나 필요한지다.

보험계리인이 되려면 선배들이 마련한 엄격한 시험을 통과해야 한다. 이 시험에서 출제된 문제를 살펴보니, 프린스턴 대학교의 수학과 박사 과정 최종 시험과 별로 다르지 않았다. 지원자는 정규 분포와 마르코프 사슬을 알아야 한다. 브라운 운동과 채프먼 콜모고로프 방정식은 물론이다.[6]

이 이야기를 투자사 티아TIAA의 보험계리사, 게이브 프랭클 칸에게 꺼냈다. 티아는 수십억 불 규모의 펀드회사로, 100만 명이 넘는 대학교수의 연금을 운용한다. 프랭클 칸도 이 시험을 통과했지만, 시험 문제가 "일에 아무런 필요가 없는 수준까지 아우른다"라고 인정했다.[7] 칸은 자신이 지금 시험을 다시 본다면 통과할 수 있을지 의문이라고 고백했다.

마르코프 체인과 콜모고로프 방정식은 보험계리인의 역량을 검증하기 위한 것이 아니라, 직업의 위상을 높이려는 의도로 출제된다. 사회적 지위에 집착하는 현시대에 수학은 정확성과 엄격함의 대변자로 기능하고 있다. 더 많은 자격 요건이 요구될수록, 그 직업의 명성은 더욱 높아지기 마련이다. 충분히 배운 사람도 콜모고로프가 누군지, 뭘 했는지 모르면서 이름만 듣고도 압도당한다.

컴퓨터 관련 직업: 생각만큼 필요하지 않다

미래를 지탱할 직업 중에 컴퓨터 관련 직종은 언제나 선두에 선다. 소프트웨어 개발자, 시스템 분석가, 메인프레임 엔지니어 등 이 분야에서 일하는 사람은 디지털 경제의 선두 주자로 분류된다. 나부터도 그들의 하드웨어 및 소프트웨어 관련 지식과 기술을 전적으로 활용하고 있다(이 책을 집필하면서도 온종일 인터넷을 검색했다). 여기에서 내가 보여주려는 것은 이 분야에서도 생각만큼 수학이 중요하지 않다는 사실이다. 실제로 생각과 달리 훨씬 중요성이 떨어진다.

조지아 대학교의 수학자 데이비드 에드워즈는 '컴퓨터 과학 수학' 강좌를 강의한다. 하지만 그 역시 왜 이 수업이 필요한지 의문이다. 그는 고객용 소프트웨어 개발회사 채용 담당자들이 자신을 찾아온 적이 있다고 말했다. 그들이 수학 전공자를 채용하고 싶다고 해서 학생들과의 자리를 마련하려고 초청한 것이다. 에드워드는 말을 이어갔다.

> 미팅이 끝나고, 이렇게 물었습니다. "실제로 현장에서 활용하는 수학은 무엇인가요?" 그들은 어색하게 대답하더군요. "없습니다." 저는 다시 질문했습니다. "그렇다면 왜 채용 조건에 수학을 명시한 거죠?" 그들은 면접자 수를 줄일 "편리한 필터링 수단"이기 때문이라고 하더군요.[8]

그렇다면 수학 말고 컴퓨터 과학에서 필요한 분야는 무엇일까? 나는 우리 학교의 컴퓨터 과학 강좌들을 살펴보려고 캠퍼스를 돌아다녔다.

담당 교수의 허락을 얻어 사이 본Sy Bon의 소프트웨어 공학과 알렉스 라이바의 알고리즘 문제 해결 강의를 청강했다. 실제로 수업 내내 교수와 학생들이 무슨 말을 하는지 조금밖에 이해하지 못했다. 하지만 수업 내용이 우리 삶에 꼭 필요하다는 사실은 알 수 있었다. 두 수업 모두 '멋진 신세계'에 꼭 필요한 지식과 논리를 다루고 있었다. 그러나 150분 동안 수학 기호나 방정식은 전혀 언급되지 않았고, 스크린에 투사되거나 칠판에 적히지도 않았다. 컴퓨터 프로그램은 가공하지 않은 맨 숫자를 활용하며, 이를 엮는 코드는 거의 전부 기호로 구성되어 있다.

컴퓨터 과학자에게 어떤 지식을 기대하는지 알고자 칼리지보드(SAT를 주관하는 미국 입시정보기관 — 옮긴이)의 컴퓨터 과학과 주전공시험 문제를 소개한다.[8] 이 시험은 4학년 학생들의 졸업 시험이다. 이 시험은 A, j, k로 표시되는 함수 또는 변수 데이터를 랩톱 컴퓨터에 저장하고, 해당 데이터를 유튜브에 올리는 방식으로 치러진다.

A는 n항으로 구성된 수열이다. Swap 명령은 두 항을 바꿔주므로, 아래의 코드 세그먼트에 따라 내림차순으로 A를 정렬할 수 있다.

```
For (int j = 0; j < n − 1 ; j++)

For (int k = 0; k < n − j − 1; k++)

If  (A[k] < A[k + 1])

Swap (A[k] , A[k + 1])
```

거의 시간 단위로 등장하는 놀라운 신기술에 수학이 담당하는 역할을 두고 지나친 오해가 난무한다. 비디오 게임 하나를 개발하려면 수백 명의 인재가 필요하다. 의상 디자이너는 수학 전문가 동료에게 화면상에서 악당의 코트를 채찍처럼 휘날리게 해달라고 주문할 수 있다. 수학 전문가는 어떤 방정식을 사용할지 잘 알고 있으나 의상 디자이너는 전혀 그 식을 알 필요가 없다. 소프트웨어 디자이너 또한 마찬가지다. MIT가 시행한 조사 결과를 나에게 말해주던 그는 이렇게 덧붙였다. "점심 후 팁을 계산할 때 말고는 수학을 쓸 일이 많지 않아요."[10]

엔지니어:
실무 기반의 수학 과정이 더 필요하다

공학은 많은 전문 분야를 포함하므로 일반화를 하지 않는 편이 좋다. 로버트 피어슨은 〈UME 트렌즈Trends〉에서 이렇게 고백했다. "일하면서 수많은 엔지니어를 만나지만 일상 업무에서 미분방정식을 사용하는 사람은 10명 중에 3명을 넘지 않습니다."[11] 뉴욕 대학교 폴리테크닉 연구소에서 항공우주와 기계공학을 총괄하는 수닐 쿠마르는 두 분야 과업 중 90퍼센트는 수학이 필요하지 않다고 말한다.[12] 콘 에디슨 사는 뉴욕시의 가스와 전기 대부분을 공급한다. 이 회사에서 일하는 폴 미룰리스, 피터 반 올린다, 케니스 추를 만나 보았다. 그들은 서로 머리를 맞대고 논의한 다음, 회사에서 일하는 600명의 전기 기사와 토목 기사 중에 수학을 활용하는 인력은 80명을 넘지 않는다는 결론에 도달했다.[13]

줄리 게인스버그는 캘리포니아 주립 대학교 노스브리지 캠퍼스 교사 양성 과정에서 미래의 고등학교 수학 교사들을 가르치고 있다. 동료 교수들과 달리, 그녀는 자신이 가르치는 과목이 바깥세상에서 어떻게 활용되는지 알아야 한다고 생각한다. 줄리는 이러한 생각에서 인근의 아파트 건설 현장에서 관리자로 일하는 엔지니어들을 몇 주 동안 관찰했다. 한번은 그들이 뭘 하는지 어깨너머로 살피니, 트러스가 건물 하중을 견딜 수 있는지 확인하는 중이었다. 그녀가 깊이 깨달았던 것은 "현장 기술자에게 강조되는 것은 학교 교육 과정에서 배우는 것과는 철저히 다르다"라는 사실이었다. 줄리는 이렇게 덧붙였다. "보통 대수학은 엄청나게 복잡한 수식을 다룹니다. 하지만 구조 공학 현장에서는 기본적인 산식 몇 가지 정도가 주로 사용되며 늘 간단했습니다."[14]

그들이 사용하는 연산은 기껏해야 곱셈과 나눗셈이 전부였다. 실제로 엔지니어가 "제대로 된 대수학 공식이 필요했던 적은 딱 한 번이었다." 그나마 그것도 중학교에서 배웠던 수준으로, 원형 철제 빔의 단면적 A와 지름 d의 관계를 표시하고 있었다. 그 기술자의 노트에 쓰여 있던 공식은 "$A=\pi d^2/4$"였다. 이는 조지아 대학교의 데이비드 에드워즈가 깨달은 바와 정확히 일치한다. 그 또한 대부분의 엔지니어가 "중학교 2학년 수준의 수학을 활용할 뿐"이라고 말한다.[15]

당연한 말이겠지만, 엔지니어는 일하는 데 필요한 수학 지식을 배워야 한다. 하지만 이러한 교육은 잘 이루어지지 않는다. 대부분의 공대 과정은 학생에게 필요한 수학 교육을 수학과 등 학내의 관련 학부에 위탁한다. 얼핏 생각하면 합리적인 학사 처리로 보인다. 무엇보다 수리 관련 학부가 수학을 잘 아는 것은 기정사실이고, 공대 학부는 특화된 전문성을 갖추고 있으므로 삼각법을 가르치는 부담까지는 지기 싫어한다. 그 결과 학생들은 '학문 차원'의 수학을 더 공부할 수밖에 없다. 8학년부터 배워 온 이론 수학을 더 많이 공부하는 것이다. 중학교든 대학교든, 수학 교사는 공학도가 현장에서 수학을 어떻게 활용하는지는 거의 모른다. 보험계리인이나 소프트웨어 개발자의 수학 활용도 예외가 아니다. (수학 교사들이 현직 화학자를 강의실에 몇 번이나 초청했을까?)

미치 몬토야는 애리조나 주립 대학교에서 공학을 가르친다. 나는 그녀의 학생들이 정말로 미적분과 대수학을 공부할 필요가 있는지 물어보았다. 그녀의 대답은 간단명료했다. "현장에서 엔지니어가 활용하는 것은 미적분이나 미분방정식이 아닙니다. 복잡한 로켓을 제작하는 대기업에서조차 수학적 분석을 시행하는 인력은 아주 드뭅니다."[16] 공학이란 매우 계량적인 직업이며, 학생은 직업 현장에서 숫자가 어떻게 기능하는지 알아야 한다고 그녀는 말했다. 안타깝게도, 학교에서 배우는 학문적인 수업에서는 이러한 지식을 배우지 못한다. 미치는 이렇게 말했다. "그래서 우리는 실무 기반의 수학 과정을 개설했습니다." 당연한 결과겠지만, 이러한 대체 과정은 수학 교수들의 자리를 위협했다. 결국 그들의 압력으로 과정을 폐쇄해야 했다.

딘 몬토야 또한 공대 입학 자격으로 수학이 강화되는 현실 탓에 어려움을 겪었다. 그녀는 고등학교 시절 흥미 만점의 로봇 프로젝트를 완수한 지원자들을 떠올렸다. 그 학생들은 애리조나 주립 대학교에 지원했지만, 미적분의 벽을 통과하지 못했다. 그녀는 이 학생들을 자신의 프로그램에 끌어오기 위해 얼마나 큰 고초를 겪었는지 모른다. 그녀는 스티브 잡스와 빌 게이츠의 후예가 될 인재들을 잃고 있을지 모른다고 생각한다.

맞춤형 수학 공부를 원하는 과학자들

"전 세계적으로 제일 큰 업적을 이룬 과학자 중에 상당수가 수학에서는 반 문맹 수준입니다."[17] 이 시대의 가장 저명한 생물학자로 꼽히는 에드워드 윌슨의 말이다(노벨 생물학상이 있었다면, 그는 오래전에 이 상을 수상했을 것이다). 윌슨은 찰스 다윈이 수학에 소질이 없었고, 자연 선택 이론의 바탕은 수학이 아니었다는 사실을 일깨운다. 과학계가 점점 커지고 더욱 복잡해지는데도, 그는 "수학 실력은 몇 개 분야에만 필요"하다고 주지한다. 그 몇 개 분야로 정보 이론, 분자물리학, 천문학을 인용하면서, 이는 첨단 기업의 극히 일부라고 덧붙인다.

칼 프리드리히 가우스는 수학을 "과학의 여왕"이라 부른다. 어찌 보면 당연한 일이다. 가우스 자신이 수학자였기 때문이다. 그렇지만 오늘날 수학자들의 업적으로부터 과학의 돌파구가 마련된 사례는 드물다. UCLA의 수학자 토니 챈이 지적하길, "다른 과학자가 보기에 수학은 과학의 혁신을 선도하는 것 같지 않아 보인다".[18] 하버드 대학교 천체물리학부 학과장 애비 로엡은 수학자가 담당하는 역할에 더욱 회의적인 입장이다. "물리학에서는 입증된 사실을 바탕으로 모든 연구를 진행합니다." 그는 이렇게 지적한다. "수학에서는 현실과 무관한 방향으로도 연구를 진행할 수 있습니다."[19] 물론 숫자는 과학에서 매우 중요하다. 과학 저널에 실린 논문을 생각해보라. 하지만 대부분 표는 통계적 의미가 담긴 산수를 아는 것으로 충분히 이해할 수 있다.

윌슨이 또 우려하는 것은 고등학교 때 경험하는 수학의 장벽이 "절박하게 필요한 인재들을 과학계에서 퇴출하고 있다"라는 사실이다. 내과 의사와 엔지니어 말고도, 훌륭한 과학자가 될 수 있는 인재들이 꿈을 피우기도 전에 사장되고 있다.

캘리포니아 버클리 대학교의 생물학자 존 마스이는 생물학 분야에서 수학이 어느 정도 쓰인다고 인정한다. 하지만 작은 범위에 그칠 뿐이다. "우리는 새로운 수학 과정을 운영하고 있습니다. 한때 생물학 전공자에게 필수였던 일반 미적분 과정을 대체하는 과정이죠."[20] 그의 말이다. 실제로 미적분이 필요하거나 미적분을 활용하는 수학자는 매우 드물다. 하지만 그들이 "수학을 문제 해결의 관점에서 파악한다면, 이러한 기술도 생물학과 같은 분야로 전파될 수 있습니다." 수학부의 〈미적분학 201〉은 과학자 양성에 아무런 도움을 주지 못한다. 과학자들은 자기 분야에 대한 맞춤형 수학이 필요하지만 이러한 수학을 가르치거나, 가르칠 수 있는 수학과는 찾기 어렵다.

스탠퍼드 대학교의 노벨상 수상 물리학자 칼 위먼은 연구만큼이나 교육에도 많은 관심을 쏟았다. 그는 과학자들을 '이론가'와 '실험가' 두 부류로 나눌 수 있다고 생각한다. 하지만 오늘날의 이론가는 과거의 석학들과는 꽤 다른 모습을 보인다. 그들은 컴퓨터 모델에 의지하는데, 이러한 모델은 현실 복제를 시도하는 방정식을 대량으로 만들어낸다. 위먼은 실험가를 자처한다. 그는 이렇게 말했다. "공식을 통해 복잡한 함수를 단순한 수학적 근사치로 바꾸는 것이 제가 하는 일입니다." 초정밀 해법으로 풀기에는 현실이 너무나 모호하므로, 학자들은 "복잡한 수학의 활용 빈도를 계속해서 줄이는 중"이라고 덧붙인다.[21]

수학을 몰라도
이미 수학에 익숙한 사람들

"40년이 넘도록, 잘 모르고서 글을 비평해 왔어요." 몰리에르의 희곡

〈서민 귀족Le Bourgeois Gentilhomme〉에서 주르댕이 한 말이다. 우리는 매일 의사결정하고 아이디어를 공식화하는 데 수학을 활용한다. 은행 잔고를 확인하거나 레스토랑 팁을 계산할 때 쓰는 단순한 산수를 말하는 것이 아니다. 우리가 깨닫지 못하는 와중에, 아주 미묘하고 복잡한 수학을 활용하는 중일 수 있다.

내 책상 위에는 "양탄자 설치에 대한 수학적 실습 사례"라는 제목의 연구 자료가 있다.[22] 수많은 각주를 덧붙인 이 논문은 현장 실무자를 자세히 관찰하며 작성한 매우 실용적인 자료다. 저자는 양탄자를 설치하는 인력들이 기껏해야 고등학교를 졸업했다는 사실을 주지한다. 그들은 전혀 우등생이 아니었고, 기하학 수업에서 뭘 배웠는지 아무것도 기억하지 못했다. 하지만 그들은 매일 해당 분야의 수학 이론이 반영된 수칙을 실전으로 연습했다.

양탄자를 까는 일은 두 가지 핵심 규칙으로 요약된다. 첫째, 커다란 두루마리 원단에서 버리는 부분을 최소화하여 큰 조각으로 잘라낸다. 둘째, 최종 레이아웃은 봉제선을 최소한으로 줄여야 한다. 쓰고 남은 원단이 많을수록, 솜씨가 서툴러 보인다. 고객들은 원단과 가까운 표면을 원하기 때문이다. 기둥, 침실 창문, 나선형 계단을 둘러싸는 작업은 특히 어렵다.

논문의 저자는 몇 주간에 걸쳐 양탄자 팀을 자세히 지켜보았다. 그들이 완료한 몇 가지 작업을 분석한 결과, 그들은 접촉점과 연산알고리즘을 비롯해 좌표 기하학을 활용하고 있었다. 물론 작업부들이 전문 수학 용어를 사용했던 것은 아니며, 자신이 접촉점과 알고리즘을 활용하고 있다는 사실조차 모르고 있었다. 그들은 모든 지식을 작업 현장에서 관찰하고, 도와주고, 물어가며 배웠다. 그들이 이토록 복잡한 능력을 갖추게 된 것은 우리 대부분이 수학적 적성을 타고났다는 점을 시사한다. 다만 이러한 적성은 강의실보다 작업 현장에서 더욱 뚜렷이 드러날 뿐이다. 실제로 그들이 고등학교나 대학에서 수학을 더 열심히 공부했더라도, 양탄자 설치를 더 잘하지는 못했을 것이다.

모든 경주장에는 내기꾼에게 정보를 팔아 생계를 유지하는 예상꾼이 있다. (뮤지컬 〈아가씨와 건달들〉의 나이슬리가 부른 〈경마의 노래〉를 생각해보라. "이 말에 걸겠소. 이름은 폴 리비어".) 그들이 우승 후보를 고르는 안목은 평균치를 상회하며, 사람들은 존경과 경탄의 눈으로 그들을 바라본다. 그들은 단지 본능과 직관만으로 그런 안목을 키우는 것이 아니다. 예상꾼은 산더미 같은 자료를 분석하며, 자료의 주된 출처는 경주마들의 성적이 담긴 수많은 목록이다. 이러한 통계자료는 말의 우승 횟수와 경주 속도에서부터, 그날 날씨와 레일을 끼고 달리는 성향에 이르기까지 수많은 변수를 아우른다. 예상꾼은 이를 비롯한 수많은 변수를 종합해 각 변수의 상호 작용과 어떤 변수에 가중치를 부여할지 분석한다.

어느 계량 심리학자 팀은 "경주의 날"이라는 연구 프로젝트를 준비하면서 델라웨어 경마장에 나타나는 14명의 예상꾼을 관찰했다.[23] 양탄자 연구와 마찬가지로, 그들에게 물어본 첫 질문은 정규 교육 과정을 어디까지 마쳤는지였다. 14명 가운데 9명이 고등학교를 졸업하지 못했고, 대수학을 공부한 사람은 단 한 명도 없었다. 하지만 그들은 대수학

방정식과 똑같은 계산을 매일 반복하고 있었다. 14명 가운데 12명이 수학 문제가 포함된 IQ 유사 테스트를 받는 데 동의했으나, 대부분은 미국인의 평균치에 미치지 못했다.

연구자들은 예상꾼들이 어떻게 1등을 맞추는지 몹시 궁금했다. 그들의 선택 논리를 수학 용어로 바꿔보았다. 그리고 그들이 만든 표에 '각 대상별 로그-오즈Log-Odds에 상호작용적 모형 변수에 따라 순수 효과를 미치는 표준화 회귀계수'라는 제목을 붙일 수 있었다. 또 다른 차트에는 100개 이상의 회귀분석(+0.75에서 −0.46까지)이 포함되었고, 각 회귀분석은 기록 수치들의 상관관계를 나타내고 있었다. 학자들은 예상꾼이 수많은 변수를 배치하고 조합하는 데 남달리 뛰어나며, 표준화된 시험으로는 평가할 수 없는 수학적 재능을 갖추고 있다는 결론에 도달했다. 그 이유는 대부분의 학문적 잣대가 "복잡한 인식으로 특징되는 현실과 동떨어져 있기 때문"이다.

수학은 돈벌이에
얼마나 도움이 되는가

하버드의 토니 와그너는 회사가 근로자에게 무엇을 원하는지 연구했다. 그는 최첨단 기업에서조차 "수학 지식은 고용주들이 제일 중요하다고 생각하는 기술 중에 10위 안에도 들지 못한다"고 말한다.[24] 토니의 발견은 수학의 필요성이 매우 과장되었다는 사실을 확인해준다.

하지만 수학을 열심히 공부할수록 좋은 직장에 들어가기 쉽다는 말은 여전하다. 대부분의 편견과 마찬가지로, 이 말도 그럴듯하게 들린다. 더 많은 실력을 갖출수록 직장에서의 대접 또한 좋아지기 때문이다. 아카이브 그룹은 "고등학교에서 미적분을 배운 학생은 기초 수학만 배운 학생보다 연봉이 65퍼센트가량 높았다"고 말한다.[25] 미적분을 배운 사람이 기초 수학만 배운 사람보다 연봉이 높다는 것은 확실하다. 하지만 상관관계를 검토한다면 이 단일한 변수가 연봉을 좌우했다고는 생각되지 않는다.

마지막 조사에서는 고3 학생 중에 17퍼센트만 미적분 과정을 수료했다. 미적분은 정규 수학 과정에서 가장 어려운 분야다. 보통 부유한 부모가 회비를 납부하는 명문 고등학교에서 미적분을 가르친다. 미적분을 포함한 전체 수학 프로그램은 명문 고교에서 보장하는 명문 대학 및 앞으로의 경력 준비를 위한 준비 과정이다. 65퍼센트의 연봉 상승을 미적분 공부 덕분이라고 말할 수 있을까? 미적분은 높은 지위에 올라가기 위한 초기 입문 과정의 하나일 뿐이다. 미적분을 가르치는 명문 고등학교들은 찰스 디킨스의 《위대한 유산》 또한 가르칠 것이다. 그렇다면 디킨스의 작품을 공부한 덕분에 높은 연봉을 받을 수 있었다고 주장한다면? 이렇게 생각하고 싶지만, 솔직히 정말 그렇다고는 말하지 못하겠다. 중요한 것은 무엇을 공부했는지가 아니라, 어려운 입시 준비 과정을 잘 마쳤는지다.

A와 B를 외따로 관찰하기보다, A와 B를 한꺼번에 불러온 C에 초점을 맞추는 것이 현명할 때가 있다. 수학 수업에서는 이러한 단순한 사

실을 좀처럼 가르치지 않는다(보통 확률은 가르칠지 몰라도, 인과율은 가르치지 않는다). 젊은이들이 실용 통계에 더 많은 시간을 들인다면, 그들은 연봉과 무관하게 이 세상을 더욱 잘 이해할 수 있을 것이다.

현 장 의 목 소 리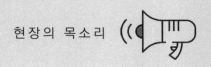

같이 일하는 동료들은 아주 훌륭한 엔지니어지만, 수학 실력은 보잘것없어요. 그 이유는 거의 필요가 없기 때문이고요.

학교를 졸업하고 엔지니어로 일하는 학생을 만날 때마다, 일하면서 어떤 종류의 수학을 활용하는지 물어봅니다. 제일 자주 듣는 답은 '사칙연산'이에요.

나는 평생을 엔지니어로 일해 왔어요. 대수학? 미적분? 미분방정식? 쓸 일이 없다 보니 거의 다 잊어버렸어요.

난 텍사스 인스트루먼트와 하니웰의 기술 파트에서 일했고, 특허도 두 개나 취득했어요. 하지만 미적분 문제나 이차방정식은 전혀 풀 일이 없었답니다.

마스 로버의 수석 엔지니어는 기하학에서 두 번이나 낙제했다고 고백했어요. 담당 교사가 그에게 F+를 주다 보니, 다시는 그 교사를 볼 일이 없었다고 말하더군요.

성별 **격차**는
어디에서 오는가

"수학 유전자"라는 것이 정말로 존재하는지는 모르겠지만, 어느 성별이 다른 성별보다 수학을 더 잘한다는 증거는 없다. 여기에서 유전자가 어떻게 작동하는지 발견해 노벨상을 받은 크리스티안 뉘슬라인 폴하르트의 의견을 소개한다. 내 생각도 같다.

> 수학에서는 남성과 여성의 차이가 없고, 유전자의 차이도 존재하지 않는다. 남성과 여성의 유전자는 Y염색체가 다를 뿐이며, Y염색체는 지능과 아무런 연관이 없다. 또한 모든 기타 유전자는 남성과 여성에게 공통으로 존재한다.[1]

다른 전문분야와 마찬가지로 수학 또한 남성이 지배해온 것이 사실이다. 2014년까지, 총 52회에 걸친 필즈상 수상자는 전부 남자였다. 아벨상 또한 마찬가지다. 하지만 흑인 배우들은 적당한 배역을 맡기 전까지 오스카상을 받을 기회가 없었다. 지금까지 그래 왔다고 해서 앞으로도 그럴 것이라는 보장은 없다.

다른 지적 분야에서는 성별에 따른 능력 차이가 이슈로 떠오르지 않는다. 여성이 문학이나 역사, 인류학에 소질이 떨어진다는 이야기는 들어보지 못했다. 아직도 풍부하게 누적된 수학 점수와 성적 자료가 성별 차이를 증명한다고 생각하는 사람이 있을 것이다. 이번 장에서는 이러한 통계의 실체를 밝혀볼 생각이다.

거의 모든 분야에서
앞서는 여성

학기 중에 실제로 학생들을 가르쳐보면 여학생들이 수학에 더욱 나은 소질을 보인다. 국립교육통계센터는 25,000명이 넘는 미국 고3 학생의 성적표를 분석했다.[2] 여학생 평균은 2.76으로, 남학생 평균 2.56보다 높았다. 대학 수학 과정을 이수한 대학생 5만 명의 성적표를 분석한 결과, 여성 중에 24퍼센트가 A를 받아 22퍼센트를 기록한 남학생보다 살짝 높았다.[3] 남학생과 여학생의 성적이 크게 차이가 나는 것은 아니다. 하지만 교사와 교수들이 보기에 여학생의 학습 능력이 나은 것만은 분명한 사실이다.

여학생의 성적이 더 좋다는 것은 주목할 만한 사실인데, 남학생이 수업을 주도하는 경향이 있다는 부분에서 특히 그렇다. 〈사이칼러지칼 불레틴〉의 관찰에 따르면 "남학생은 시키지도 않았는데 나서서 대답하는 등 해답을 모색하는 데 적극적인 경우가 많다. 여학생은 보통손을 먼저 드는 법이 없다."[4] 한 연구 보고서는 여교사조차 남학생을 먼저 시킨다는 점을 지적하고 있다. 여학생이 더 잘 안다고 생각하더라도, 손을 번쩍 드는 학생을 무시하기는 어렵기 때문이다. ("제이슨, 손좀 내려 줄래? 제니퍼에게 답을 들어야겠어.") 실제로 남학생이 말한 답은 종종 틀리기 마련이며, 이는 문제를 충분히 이해하지 못했음을 시사한다.

또 다른 연구에서는 고등학생들에게 자신이 수업을 얼마나 잘 따라가고 있는지 점수로 매겨보라고 주문했다.[5] 남학생이 매긴 평점은 82점이었고, 여학생은 이보다 훨씬 낮은 64점이었다. 하지만 교사가 같은학생들의 수업 이해도를 점수로 매긴 결과는 이와 정반대로, 남학생은76점, 여학생은 80점이었다. 남학생이 스스로에 대한 평가를 과장한것은 남성의 허세라고 간주할 수도 있다. 하지만 여학생이 스스로 16점이나 낮게 평가한 것은 충분히 우려할 만한 일이다.

나아가 여학생들은 문제를 제대로 풀었을 가능성이 높은데도, 남학생보다 문제풀이에 자신이 없었다. 교사들 또한 여학생의 '자기 비하'를잘 알고 있다. 교사들이 이를 잘 기억하는 이유는 여학생이 자신을 비하하면서도 실제 결과는 반대인 경우가 많기 때문이다. 실제로 프린스턴, 스탠퍼드, MIT의 총장들은 〈보스턴 글로브〉에 "낮은 기대 수준은공공연한 차별만큼 파괴적인 결과를 초래할 수 있다"[6]는 내용의 합동서한을 발송했다(이는 칼리지 총장들이 한 말을 대놓고 반박하는 내용이었다).

소아과 의사이자 의학자이기도 한 레너드 삭스는 "여건만 조성된다면 여학생은 남학생과 겹치는 모든 과목에서 똑같이 앞설 수 있다"는 사실을 발견했다.[7] 삭스의 발견은 까다로운 수학 과목을 비롯해 전 과목을 가르치는 여학교의 성적 기록을 통해 확인할 수 있다. 실제로 여자대학이나 여자중고등학교는 여성의 전반적인 능력을 입증하는 실험실이나 다름없다. 웰즐리나 브린 모우와 같은 여자대학에서는, 남녀공학보다 더 많은 여성이 수학 박사 과정을 밟는다.

성적을 매기는 알고리즘

최근에는 교사들을 폄하하는 불편한 분위기가 만연해 있다. 교사들에 대한 그런 평가가 당연하다는 느낌이다. 하지만 막상 학부모와 학생들은 이러한 목소리를 내지 않는다는 것이 아이러니다. 오히려 교단을 쥐고 흔드는 것은 비평가들이며, 이 중에 상당수는 오래도록 교실 근처에도 가보지 않은 사람이다. 가장 큰 목소리를 내는 사람들은 입법을 담당하는 주의회 의원과 기업 중역들이다.

그 결과 교사의 학생 평가를 최소화하고, 주관적 편견에서 자유로워진다는 명분 아래 이른바 객관성이 담보된 시험을 평가의 잣대로 삼았다. 이 시험을 치는 학생들은 똑같은 문제나 기본적으로 비슷한 문제를 접해야 하고, 컴퓨터 소프트웨어는 주최 측이 보고 싶은 결과를 알려줄 것이다. 대부분 시험에서 학생들은 OMR 용지에 객관식 번호를 색칠하고, 일부 주관식 시험에서는 정사각형 답지 속에 숫자를 적어 넣는다. 두 가지 경우 모두 컴퓨터가 답안지를 스캔해 점수를 집계한다. (여러 고사장에서 학생들은 키보드 앞에 앉아 전자 기기를 통해 답지를 제출한다.)

교사의 판단에는 주관이 개입될 수 있다. 하지만 획일화된 시험은 인간적인 요소를 없애며, 그 대신 스프레드시트 통계치로 정리한 성적이 평가를 대신한다. 이와 같은 일반적인 이야기가 성별에 따라 어떻게 전개되는지 알아보자.

학교 성적에서는 여학생이 남학생보다 낫지만, 컴퓨터가 성적을 매기는 시험에서는 남학생에 뒤진다. 2013년 고3 학생을 상대로 시행한 전국 교육성취도 평가에서 여학생의 수학 평균 점수는 304점으로, 남학생의 308점보다 낮았다.[8] 교육종단연구ELS에서 시행한 시험에서는 여학생이 평균 50.2점, 남학생이 평균 52.2점을 기록했다.[9] 평점 차이는 크지 않다. 하지만 생각해야 할 것은, 이 여학생들이 학교 성적에서는 남학생을 앞섰다는 사실이다.

2013년 ACT 성적을 보면 남학생은 47퍼센트가 수학을 통과했고, 여학생은 41퍼센트만이 통과했을 뿐이다.[10] SAT에서는 여학생이 수학에서 평균 499점을 기록했는데, 이 점수는 531점을 받은 남학생보다 뒤처지는 수치다.[11] ACT와 SAT가 평가를 시작한 이후, 이런 차이는 하나의 사실로 자리 잡았다. 더욱 충격적인 사실은 SAT 700~800점 사이에 있는 최우등생 비율은 남학생(9.6퍼센트)이 여학생(5.2퍼센트)보다 두 배 가까이 많다는 점이다. 여기에서 두 가지 의문이 생긴다. 첫째는 이러한 차이를 보면 여학생의 학업 성취도가 교사들 이야기처럼 우수하지 못할 수도 있다는 것이다. 둘째는 객관식 시험이 대부분 학생, 특히 여학생의 지식과 능력을 알아내는 방법으로 적합한가에 대한 것이다.

획일화된 시험에서 가장 두려운 것은 째깍째깍 흘러가는 시간이다. 보통, SAT는 수학 문제 60개를 푸는 데 1시간 15분을 배정한다. 75초 내에 한 문제를 풀어야 한다. "남학생의 두뇌는 스피드에 적합합니다." 《남자아이 여자아이》(아침이슬 역간)의 저자 레너드 삭스가 〈월스트리트저 널〉에서 한 말이다.[12] "여학생의 두뇌는 복잡성에 특화되어 있습니다." 교실에서 내가 여학생에게 뭔가를 물어보면, 그들은 대답하기 전에 잠시 생각하려는 경향이 짙다.

스피드에 특화된 남학생은 객관식 문항을 한눈에 파악한 다음 곧바로 답을 구하려 든다. SAT를 총괄하는 교육시험서비스ETS가 알아낸 바로는, 남학생은 "문제를 실제로 풀지 않고도 해답을 찾는 두뇌 전략으로 시간을 절약한다".[13] 그 결과 별 거리낌 없이 앞서 나간다. 이 방법은 보통 제대로 먹히기 마련이다. SAT 문제 형식은 풀이 과정을 묻지 않고, 신경 쓰지도 않기 때문이다. 남학생이 더욱 자주 쓰는 전략은 오지선다 중에 확실히 아닌 세 개를 지운 다음, 나머지 두 개 중 하나를 찍는 방법이다. 이런 식으로 찍다 보면 남학생의 점수는 올라갈 확률이 높다. ETS를 연구한 또 다른 사례에서는 더욱 많은 사실이 드러난다.[14] 여학생은 생각하는 데 더 시간을 들이므로, 일부 문항을 공란으로 남겨둔 채 결국 답을 못 내는 경우가 남학생보다 많다. 모든 사례에서 한 번더 생각하려 드는 여학생들의 성향이 성적을 갉아먹는 셈이다.

종합하면, 스피드를 좋아하고 추측을 마다하지 않는 성향이 시간에

쫓기는 시험에서는 효과를 발휘한다. 남학생의 성적이 좋은 이유는 이러한 성향 덕분이지, 수학 실력이 객관적으로 뛰어나서가 아니다. 속도가 빠르면 이해 또한 깊을 것이라고 주장하는 사람이 없길 바란다. 그리고리 페렐만은 종종 우리 시대의 최고 수학자로 불린다. 〈뉴요커〉에 실린 그에 대한 평판을 소개한다. "그는 늘, 아주, 정말 조심스럽게 문제를 검토했다. 그는 빠른 것과는 거리가 멀었다. 수학은 스피드에 의지하는 학문이 아니다."[15] 75초에 한 문제를 풀어야 하는 시험에서 그는 과연 몇 점을 받았을까?

앞서 언급한 연구 사례를 보면 수학에서 A학점을 받는 여대생의 수는 남학생보다 더 많았다. 이 연구에서는 또한 여학생과 남학생의 SAT 성적을 분석했다. 흥미롭게도, A학점을 받은 남학생은 SAT에서 평균 623점을 기록했고, 똑같이 A를 받은 여학생들은 같은 시험에서 평균 573점에 그쳤다는 사실을 연구자들은 알아냈다.

ACT와 SAT 시험은 학생들의 대학 수학修學 능력을 알려주는 지표로 통한다. 입학 사정관이 ACT와 SAT 시험 점수에 그토록 집착하는 이유도 여기에 있다. 또한 학교마다 성적을 매기는 방식이 다를 수도 있다. 따라서 같은 성적을 받은 지원자라 하더라도 학습 능력에서는 현격한 차이를 보일 수도 있다. 모든 학생이 보는 시험에서 좋은 성적을 받으면 대입 전형에서 유리해지기 마련이다. 하지만 이러한 주장에도, 획일화된 시험이 여성의 수학 실력을 평가하는 데 얼마나 불확실한지 알려주는 증거는 차고 넘친다.

학교시험에서 여학생의 성적이 더 좋다 보니, 더 많은 여학생이 대학에 진학하고 졸업한다. 최근 대학 졸업생 중에 57퍼센트가 여성이다. 입학 비율은 여학생 100명당 남학생 75명꼴이다. 이처럼 여학생이 남학생보다 학업에서 좋은 성과를 거두는데도, 역량에 바탕을 두어야 할 자격 증명에서 낮은 수치를 기록하는 현상은 더욱 당황스럽다. 특히, 그들은 당연히 들어가야 할 명문대학교의 문턱에서 좌절한다.

앞서 언급한 것처럼, 미국의 최고 명문대에 들어가려면 SAT의 언어 능력과 수리 능력 모두 700점을 넘어야 한다(물론, 졸업생의 자녀나 체육 특기자에게는 더 후한 기준이 주어진다). 하지만 수학에서 700점 이상을 받는 비율은 남학생이 여학생보다 두 배나 많으므로, 합격자 가운데 상위 성적을 받는 비율은 남학생이 더 많다. 이러한 불균형으로 명문 학교의 성비는 5:5에 근접한다. 하지만 다른 대학의 성비는 여학생 대 남학생 비율이 57:43으로 여학생이 더 많다.

대학 당국은 인정하지 않겠지만, 하버드와 콜롬비아는 남학생보다 여학생이 더 많아지는 것을 원치 않는다. 여학생이 많아지면 졸업한 남자 동문의 후원금이 줄어드는 것은 물론, 그들이 유지하고 싶은 이미지와 분위기에 영향을 미칠 수도 있다. 그래서 두 학교는 2014년에 여학생의 입학 비율을 48퍼센트로 제한했다. 스탠퍼드가 정한 상한선은 47퍼센트였다.

현실의 기록을 왜곡하지 않기 위해, MIT만은 예외라는 사실을 언급해야겠다. MIT는 공식적으로 여학생의 입학을 제한하지 않았다. 하지만 1964년에 MIT에 재학 중인 여학생의 수는 남학생의 3퍼센트인 98명에 그쳤다. 20년이 지난 1984년, 여학생 비율은 19퍼센트까지 상승했다. 최근에 MIT는 남녀공학 체제를 제대로 구축하기로 마음먹었다 (무엇보다 총장과 입학처장이 여성이었다). 2014년, MIT의 학부생 가운데 여학생 비율은 45퍼센트로, 콜롬비아의 48퍼센트, 스탠퍼드의 47퍼센트에 거의 근접했다.

이전과 마찬가지로, MIT는 여전히 남학생 지원자에게 엄청난 수학 점수를 요구한다. 하지만 수학에서 750점 이상을 받는 여성이 드물다 보니, 엄격한 합격선을 적용하면 MIT에 입학하는 여학생은 줄어들 수밖에 없다. 따라서 나는 45퍼센트라는 여학생 비율이 수학 성적에서 어느 정도 보정을 받은 결과라고 생각했다. 나는 MIT를 상대로 입학생의 성별 점수 분포 자료를 요청했다. 하지만 입학처에서는 해당 수치를 관리하지 않으므로 말해줄 수 없다는 답변을 들었다.

뉴욕의 특성화 학교

뉴욕시가 자랑하는 특화 공립 고등학교들은 교육의 질이 사립학교에 뒤지지 않는다. 이 학교들의 입학시험은 간단하다. 8학년 말에 치는 세 시간짜리 시험 한 번으로 입학 여부를 결정한다(음악과 미술에 특화된 학교는 예외다). 경쟁은 치열하다. 2013년, 963명을 선발한 스타이브센트 고등학교에는 22,675명의 학생이 지원했다. 브루클린 라틴 고등학교 또한 비슷한 경쟁률을 기록했다. 526명 정원에 14,147명이 지원했다.

또 다른 통계를 소개한다.[16] 특화 고교 입학시험을 치르는 학생 중에 여학생은 51퍼센트였다. 하지만 이들을 위해 마련된 자리는 45퍼센트에 그쳤다. 예컨대 브루클린 라틴 고등학교에서도 정원에서 45퍼센트만을 여학생에게 배정했다. 마찬가지로, 스타이브센트 고등학교와 브루클린 테크 고등학교도 여학생 수를 40퍼센트로 제한한다. 리먼칼리지 부속 미국학고등학교는 여학생 비율이 47퍼센트다. 일부 학교는 MIT와 비슷하게 운영하고 있지도 않다. 브루클린 테크는 학교명에도 불구하고, 사회과학과 법을 가르친다. 브롱스 과학고등학교는 연극 제작부, 웅변부, 토론 팀을 자랑한다. 따라서 고대 라틴어와 미국학을 강조하는 고등학교에서조차 남학생 비율이 높다는 것은 의문이다.[17]

의문에 대한 답은 앞서 언급한 모든 학교가 활용하는 입학시험에서 찾을 수 있다. 이들은 입학시험의 언어와 수리 능력에 동일한 가중치를 부여한다. 남학생과 여학생은 언어 능력에서 비슷한 성적을 받으므로, 총점에서 누가 앞서느냐는 수리 영역에 달려 있다. 미국학이나 고대라틴어에 흥미를 지닌 8학년 학생들은 다음과 같은 문제 50문항을 풀어

주사위 두 개를 던져 말의 이동 거리를 정하는 보드게임이 있다. 1명이 두 개의 주사위를 동시에 던져 각각에 같은 숫자가 나왔다. 이 두 숫자의 합이 9가 될 확률은 얼마일까?

(a) 0   (b) 1/6   (c) 2/9   (d) 1/2   (e) 1/3

정답: (a)

야 하며, 문항당 주어지는 시간은 90초에 불과하다.

바로 여기서, 내가 계속 언급했던 질문을 다시 한번 던지고 싶다. 왜 미래의 학자가 될 꿈나무들이 90초 만에 이런 문제의 해답을 내놓아야 할까? 이토록 엄한 기준을 버리지 않는다면, 깊이 생각하려 드는 많은 여학생은 명문 학교에 들어가기 어렵다. 이번 장의 뒷부분에서 대안을 제시할 예정이다.

편향된 평가 방식

기회의 보장이란 미국인이 늘 이상으로 삼는 가치이며, 개인의 성공 스토리는 이러한 희망을 뒷받침해왔다. 하지만 최근에는 인재를 발견하거나 키우기 어렵다는 우려가 고개를 들고 있다. 수많은 미국인이 자신의 잠재력을 사장해야 할 운명이다.

국립장학법인National Merit Scholarship Corporation은 이러한 이슈에 관심을 둔 집단이다. 일리노이 에번스턴에 본사를 둔 장학법인은 사회 공헌을 염두에 둔 기업들로부터 재정을 지원받아 국가 차원의 인재 개발을 후원한다. 여기에 기부하는 수백 개의 기업 중에는 보잉, 맥도날드, 사우스웨스트 에어라인, 로릴라드 담배 등 유명한 대기업도 많다.[18] 이들 기업은 장학법인에 매년 약 5천만 불을 출연하며, 1억 4,800만 불을 자산으로 보유하고 있다.

장학법인은 다재다능한 고등학생을 발굴해 장학금을 지급하는 것이 목적이다. 재학생이 이 경쟁에 참여해 장학금 혜택을 받을 수 있도록 미국의 고등학교를 부추긴다. 장학법인은 매년 모든 주의 고등학생 150만 명을 심사하며, 이러한 일을 하는 단체로는 가장 큰 규모를 자랑한다.

장학법인은 점수, 석차를 강조하며 "성별, 인종, 종교를 가리지 않고" 장학금을 지급한다. 달리 말하면, 특정 사회 집단에 대한 편견을 제거하기 위해 학생들의 경쟁을 유도한다. 최소한 장학법인은 이렇게 말하고 있으며, 점수에 관해서라면 같은 활동을 하는 대부분의 다른 기관과 비슷한 기준을 유지한다. (때로는 지리적 편차가 고려되기도 한다. 미네소타주 학생들에게는 미시시피주 학생들보다 더 엄격한 기준이 적용된다.)

법원은 차별에 따른 소송 제기에 몸살을 앓아왔다. 하지만 고의성이 있는지는 입증하기가 어려우므로, 그 대신 특정한 정책이나 결정으로 차별 효과가 나타나는지를 살핀다. 대학교나 고용주는 오직 능력만을 본다고 생각할 수 있고, 단지 그 과정에서 공교롭게도 스웨덴 출신 지원자가 원하는 능력을 갖추지 못했다는 결론에 도달할 수 있다. 따라서 능력만을 보자는 공감대가 형성되더라도, 그러한 능력을 어떻게 측정하는지를 확정해야 한다.

가장 최근에 수집한 2013년 통계를 보면 장학법인은 1,574,439명을 심사하고 16,276명을 선발했다. 지금부터 선발된 인력의 성별 구성을 비교해보겠다. 법인이 활용하는 시험은 PSAT로, SAT의 실무 버전이라 말할 수 있다. PSAT 측은 2013년도 수험생의 성별 자료를 제공했다. 남학생은 740,969명, 여학생은 833,470명으로 대학 졸업생 성비 47:53과 비슷했다. 각 주의 성비 또한 알 수 있다. 하지만 법인은 여학생이 더 우수하다는 결과를 절대 언급하지 않는다. 그렇게 하는 데는 이유가 있을 것이다.

선발된 16,276명을 좀 더 자세히 설명할 필요가 있다. 이들은 "준결승 진출자"로 불리는데, 최종 수혜자가 발표되기 전까지 추가 탈락자가 나오기 때문이다(실제로 16,276명에서 45퍼센트만 최종 선발된다). 알 수 없는 이유로, 장학법인은 최종 선발자의 성별뿐 아니라 최종 명단을 공개하지 않는다. 그들이 공개하는 것은 50개 주의 준결승 진출자 명단과 출신 고등학교다. 그 결과, 장학법인 밖에 있는 사람들이 확인 가능한 유일한 사실은 준결승 진출자 집단이다. 그중 다수는 최종 선발에서 탈락하지만, 탈락한 학생도 고득점자인 것은 마찬가지다. 이 또한 '입수할 수 있는 자료 안에서 최선을 다하는' 통계학의 좋은 연구 사례다.

장학법인은 최종 선발자들을 '학자'라고 부른다. 따라서 그들을 어떻게 선발했는지 궁금한 것이 당연하고, 충분히 물어볼 수도 있다. 유일한 기준은 그해 PSAT에서 상위 1퍼센트 안에 들었느냐이다. SAT와 마찬가지로, 이 시험은 답이 정해진 5지선다의 표준화된 문제를 정해진 시간 안에 풀어야 한다. 법인은 '학자'를 선발하기 위해 PSAT 측을 상대로 16,276명의 고득점자 명단을 달라고 요청했다. 이는 사람의 주관을 개입하지 않고 쉽게 출력할 수 있는 자료다. 면접이나 에세이를 거치지 않고, 내신이나 추천서를 검토하지도 않는다. 집안의 재산 규모도 고려 대상이 아니다.

그렇다면 PSAT 상위 1퍼센트의 성비 구성은 어떨까? 공부를 제일 잘하는 학생들의 성비 구성을 알아보는 것도 흥미로운 일이다. 법인은 PSAT 측에 이 데이터를 요청할 수도 있었다. 학생들은 시험을 보기 전에 시험지에 성별을 기재하므로, PSAT 측에서는 충분히 이 자료를 제공할 수 있다. 하지만 PSAT 측에서는 이 자료를 제공할 생각이 없는 모양이다. 법인은 수많은 통계가 실린 두꺼운 보고서를 발행한다. 하지만 어느 보고서에도 16,276명의 선발자 중에 남학생이 몇 명이고, 여학생이 몇 명인지를 알려주지 않는다.

그래서 나는 이 법인의 홍보국장인 아일린 아트마키스에게 성별 자료를 제공해 줄 수 없는지 물어보았다. 다음은 그녀와의 대화 내용이다.

아일린: 우리는 성별이나 인종에 관한 자료를 보관하지 않아요. 선발 과정에서 활용하지 않으므로 우리 프로그램과는 상관이 없다고 생각하는 거죠.

앤드류: 법인은 내부적으로도 장학금 지급에서 성별 균형을 고려하지 않는 건가요?

아일린: 옛날에는 성별 분포를 발표했어요. 하지만 그 정보를 사람들이 엉뚱하게 해석하고, 오용하는 일이 잦아 더 이상 성별 자료를 발표하지 않습니다. 설명이 되었으면 좋겠네요.

앤드류: 그렇다면 내부적으로는 성별 자료를 관리하지만, 발표만 하지 않는다는 말씀이신가요?

아일린: (무응답)

PSAT를 좀 더 자세히 분석해보자. 이 시험은 읽기, 쓰기, 수학의 세 분야로 구성된다. 세 분야 가중치는 모두 같으며, 점수를 합해 학생의 최종 성적을 산출한다. 최저 60점, 최고 240점이다. 법인은 최상위권 학생에게만 관심이 있으므로, 각 세 분야 상위 우등생들이 어떤 성비로 구성되어 있는지 살펴보았다. 읽기와 쓰기에서는 두 성비가 비슷하다는 사실을 발견했다. 읽기에서는 남학생 중 0.9퍼센트, 여학생 중 0.8퍼센트가 최상위권이었다. 쓰기에서는 여학생 중 0.8퍼센트, 남학생 중 0.7퍼센트가 최상위권이었다. 따라서 두 분야만을 활용한다면 법인 장학금을 타는 남학생과 여학생의 수가 거의 비슷할 것이라 예상할 수 있다.

이쯤 되면 무슨 이야기가 나올지 짐작할 것이다. 수학만큼은 달랐다. 남학생 중 최상위권 성적은 2.5퍼센트였는데, 여학생은 1.1퍼센트에 그쳤다. 달리 표현하면, 준결승에 진출한 학생 중에 약 3분의 2(66.9퍼센트)가 남학생이었다. 앞서 인용한 비율을 점수로 환산한다면, 남학생 점수는 41점으로 여학생 27점보다 52퍼센트가량 높다. 남학생의 전체 성적 가운데 수학이 차지하는 엄청난 비중을 고려하면 법인의 최상위권 그룹에서 남학생의 수가 여학생 수를 압도할 것이라고 충분히 예상할 수 있다. 79초 안에 풀어야 할 PSAT 수학 문제 하나를 다음 페이지에 소개한다.[19]

법인이 어느 단계에서도 성별 자료를 제공하지 않는 탓에, 나 스스로 알아보기로 마음먹었다. 혼자 연구하다 보니 주 하나를 선택해 관찰하기로 했고, 다양성을 확보하기 위해 오하이오주를 선택했다. PSAT

주스와 물이 1:18의 비율로 섞인 칵테일 19리터가 있다. 이 칵테일에 주스 x 리터와 물 y 리터를 섞어 주스와 물의 비율이 1:2로 구성된 54리터 칵테일을 만든다면, x값은?

(a) 17   (b) 18   (c) 27   (d) 35   (e) 36

정답 (a)

와 관련한 모든 통계자료를 얻을 수 있도록 준비했다. 2013년 시험에는 48,440명의 오하이오주 학생이 준비했고, 이 가운데 53퍼센트가 여학생이었다. 여기까지는 쉽게 알아낼 수 있었다.

이후 나는 법인 리스트에서 준결승자로 선발된 학생들로 시선을 돌렸다. 총 616명이었고, 이들은 오하이오주의 수험생을 통틀어 상위 1.3퍼센트에 속했다. 법인이 전체 성별 정보를 발표하지 않으므로, 내가 직접 이름만으로 구분해 세어보았다.

75퍼센트 정도는 이름으로 성별을 구분할 수 있었다. 하지만 나머지 25퍼센트는 이름이 중성적(테일러, 모건)이거나, 외국인이라서 이름으로는 구분하기 힘들었다. 확인한 성별 정보를 반영하자, 오하이오주의 준결승 진출자들은 327명의 남학생과 289명의 여학생으로 분류되었다. 이처럼 오하이오주의 PSAT 수험생 가운데 여학생이 53퍼센트를 차지했지만, 장학금 수혜자의 53퍼센트는 남학생이 차지했다. 남학생이 수학 점수를 더 받아서 이런 결과가 나타난 셈이다. 오하이오주 사례를 미국 전체 사례로 간주해도 큰 무리는 없을 것이다.

하지만 어떤 점에서는 간접적이건, 의도하지 않았건 법인이 도움을 준 것도 사실이다.[20] 법인의 연차 보고서에는 장학금 수령자의 지망 학과 리스트가 나와 있다. 절반 이상(55퍼센트)이 생물학, 경영학, 컴퓨터 과학, 공학, 수학, 물리학의 6개 분야에 집중되어 있다. 하지만 대학 이사회로부터 얻은 추가 정보를 살펴보면 여학생이 이러한 분야를 선택하는 비율은 남학생의 절반에 그친다. 최소한 나는 이 자료가 법인의 성별 선택에서 편견이 작동하는 정황 증거라고 생각한다.

무엇이 학생들의 재능을 형성하는지 제대로 알고, 그러한 요소를 잘 평가하는 것이 핵심이다. 명확히 드러난 것처럼, 법인 평가에서는 수학이 결정적인 역할을 담당한다. 앞서 예시로 든 것과 같은 수학 문제가 160만 명의 학생 중에 가장 재능이 넘치는 지원자가 누구인지를 결정한다. 이러한 현실을 두고 법인이 STEM 관련 재능이 뛰어난 학생들을 선호하는 탓이라고 설명할 수도 있다. 만일 정말로 그렇다면, 공개적으로 그 사실을 밝히고 그러한 편향성으로 여학생들의 기회가 그만큼 줄어든다는 것을 인정해야 한다.

민간기업들이 법인에 출자하는 이유는 기업의 사회적 책임을 이행하기 위한 차원이다. 원론적으로 이 기업들은 여학생에게 자기 재능을 발견하고 계발할 기회가 충분히 주어지면 좋겠다고 생각한다. 여학생이 남학생과 동일한 기회를 얻을 수 있도록, 법인의 선발 기준을 점검하라고 조언하는 것도 바람직하다. 더 나은 교육을 지향하는 경쟁 체제에서 취할 수 있는 괜찮은 출발점이니까.

나는 수학이 영예로운 학문이며, 배움의 전당에서 존경받는 지위를 차지할 자격이 있다고 인정한다. 하지만 수학을 재능의 범주로 끌어들여 핵심 지위를 부여하는 것은 그와는 다른 문제다. (어느 면에서도 법인은 조형 미술, 사회학, 정치학, 외교학에 관한 소질을 중요하거나 필수적인 재능이라고 생각하지 않는다.) 법인의 기준을 받아들이면(실제로 이런 경향이 확대되는 추세다) 협소한 기준에 따라 학생들의 재능을 판단하게 된다. 이처럼 미국의 지적 풍토가 앞으로 어떻게 변할지 오리무중이다. 하지만 더 큰 문제는 우리가 지향하는 인간상이 근본적인 변화를 겪고 있다는 사실이다.

SAT 성적과 사회적 지위

내가 표준화된 산업을 썩 신뢰하는 건 아니지만, SAT가 거대한 정보 저장소 역할을 한다는 것에는 동의할 수밖에 없다. SAT 측은 수백만 명의 학생에게서 이러한 정보를 수집한다. SAT 측은 자세한 성적 자료 말고도, 학생 관련 정보를 공개한다. 그래서 나는 SAT 측을 상대로 두 집단으로 나눈 수험생의 정보를 제공해달라고 요청했다.[21] 나는 두 집단을 CM과 AW으로 나누었다. 다음 표에는 두 집단의 수학 성적과 최상위권에 든 학생 수, 가족에 관한 정보가 나와 있다.

분명한 것은 대학을 졸업하고 소득이 높은 부모를 둔 학생들이 CM 집단에 더 많았는데도, 수학 점수는 더 낮았다는 사실이다. AW 집단은 집안 환경이 불리했는데도 수학 성적이 더욱 좋았다.

CM		AW
544	평균 수학 성적	566
9퍼센트	700~800점	16퍼센트
63퍼센트	부모의 대졸자 비율	56퍼센트
7.7만 불	평균 가계 소득	4.2만 불

이 두 집단의 정체는 아직까지 밝히지 않았다. 짐작했을 수도 있겠지만, 지금부터 두 집단을 어떤 기준으로 나눴는지 확인해보자. 'M'과 'W'는 남성과 여성을 의미하며, 'C'와 'A'는 각각 백인Caucasian과 동양인Asian American을 의미한다. 물론, 남학생을 능가하는 여학생을 찾는 것은 언제든지 가능하다. 2014년 SAT에서는 46,400명의 여학생이 수학에서 700점 이상을 기록했다. 이 수치는 곧 그들 밑으로 706,189명의 남학생이 있다는 이야기다. 마라톤 경기 또한 일반적인 남성보다 성적이 좋은 여성 선수들이 있음을 생각해야 한다. 이 사례에서 AW는 SAT를 치른 아시아계 여학생 전체 숫자인데, 성적이 좋은 학생으로 국한되지 않는다. 모든 아시아계 여학생의 평균 점수는 모든 백인 남학생 평균 점수보다 22점이 높다. 하지만 전체 여학생의 평균 성적은 남학생 전체의 평균 성적보다 떨어지므로, 아시아계 여학생이 국가시험에서 좋은 성적을 낼 만한 특별한 요소를 지니고 있는지 알아보아야 한다.

그 답은 아주 쉽게 찾을 수 있다. 아시아인에게 수학을 잘하는 유전자가 있어서가 아니다. 그들 문화가 학업 성취를 강조하고, 부모의 권위를 존중하고, 가문의 영예를 중시해서 그렇다. 일반적인 백인 가정보다 이러한 성향이 짙으므로 아시아계 여성은 SAT에서 성별의 장벽을 넘어설 뿐 아니라, 다수의 백인 남성보다 더욱 좋은 성적을 기록한다. 유전자를 배제했기에, 백인 학생이 더 좋은 점수를 받으려면 뭘 해야 할지 고민해 보아야 한다. 정답은 쉽다. 공부 습관과 학습 태도를 개선하면 된다. 하지만 모든 백인의 기호나 그들이 우선시하는 가치를 통째로 바꿔야 하는 일이므로 쉽지는 않다.

새로운 시도를 해보자

"왜 여성은 남성과 더 비슷해질 수 없는 거죠?" 영화 〈마이 페어 레이디〉에서 헨리 히긴스 교수가 한 말이다.

객관식 5지선다의 불리함을 극복하는 방법은 표준화된 시험 문제를 접하는 순간 남학생과 비슷하게 생각하는 방법을 가르치면 된다. 물론, 이런 시험이 하루아침에 없어지지 않으므로, 그들의 출제 방식에 적응하고 그들이 정한 방식을 바탕으로 성공하는 수밖에 없다고 할 수도 있다. 한술 더 떠서 여학생들에게 깊이 생각하려 들거나 모호한 것을 두고 너무 고민하지 말고, 복수 정답이 가능하다는 의심을 버리라고 조언할 수 있다. 이러한 요령을 통해 생각의 틀을 바꾸면 75초나 79초 안에 문제를 풀 가능성을 높일 수 있다. 어떻게 시험을 끝내는지는 리스크를 감수하는 성향과 관련이 있으므로 남성의 방식에서 교훈을 배우라고

할 수도 있다.

나는 이러한 접근 방식이 잘못되었다고 생각한다. 평가하는 내용보다 스피드를 중시하기 때문이다. 수학적 재능이 있는 학생이 사장된다면, 그들의 재능을 알아볼 수 있는 최선의 방법은 무엇일까? 대부분 경우 학생의 실력을 보여주는 데 가장 큰 장애물은 문제를 빨리 풀어야 한다는 제약이었다. 따라서 이 장애물을 제거하면 어떻게 되는지 살펴보자.

고3 남녀 학생들을 샘플로 선정해 현재 시험 방식과는 다른 방식을 제시한다. 그들은 ACT나 SAT의 수학 문제를 집에 갖고 가서 주말 동안 풀어오면 된다. 시간은 충분하며, 앉은자리에서 문제를 다 풀 필요가 없고, 몇 번이고 다시 책상에 앉아 답을 검산해 틀렸다고 생각하면 언제든 답을 바꿀 수 있다. 실생활에서 사람들이 과제를 해결하는 방식과 유사하다. 감독관이 없는 것은 당연하다. 학생들은 양심에 따라 스스로 문제를 풀어야 하며, 친구를 부르거나 참고 자료를 찾아보거나 다른 문헌에 의지하는 것은 금지된다. 지나치게 순진한 생각일 수도 있지만, 일단 그들이 이런 규칙을 준수한다고 해보자.

결과는 어떨까? 우선 남학생과 여학생 모두 평소보다 더 좋은 성적을 받으리라고 추정할 수 있다. 하지만 이 방식으로 여학생의 점수가 남학생보다 더 많이 증가하는지를 검증해야 한다. 또 다른 관찰 포인트는 각 성별에서 700~800점 사이의 최상위권에 새로 진입하는 숫자가 얼마인지다. 기존 방식대로 하면 남학생에서 9.6퍼센트, 여학생에서 5.2퍼센트만이 해당 점수대에 분포한다. 충분한 시간을 준다고 해서 여학생의 성적이 남학생과 비슷해질 것이라 확신할 수는 없다. 여학생에게 불리한 요소를 시간 제약만으로 볼 수는 없기 때문이다.

아무튼 우리는 이 실험이 지향하는 바를 높이 평가해야 한다. 학생들이 알고 있는 것, 할 수 있는 것을 보여주는 기회가 늘어나야 한다. 충분한 시간을 줘서 이러한 목표를 달성할 수 있다면, 그 누구도 반대할 이유가 없을 것이다. 하지만 재미있는 것은 ACT나 SAT 측에서 비슷한 연구를 시도해본 적조차 없다는 사실이다. 아직 그들에게 그러한 연구 자료가 없기를 바랄 뿐이다.

6장

수학적 추론이
우리의 **지성**을 높이는가

대수학을 공부하면 우리의 지력이 향상될까? 많은 사람이 그렇게 생각하며 그들의 주장은 충분히 설득력 있게 들린다. 수학이 인간의 지성을 시험한다는 것은 분명한 사실이다. 기하학 명제를 증명하려 고군분투하는 학생을 보라. 주먹을 불끈 쥐고 오만상을 찌푸린 채 자신의 역량을 최대한 발휘하는 모습이다. 수학이 목표달성을 위한 동기로 작용한다는 것은 의심할 여지가 없다.

더 깊이 들어가면, 수학은 경이의 대상이다. 성현과 학자들이 거대한 학문의 전당에서 수학을 논하고, 드높은 지성의 축복을 받은 듯한 수학은 유한한 존재가 닿을 수 없는 영역까지 범위를 확장한다. 따라서 수학 공부가 지성의 폭을 넓히고, 수학 자체를 넘어 더 넓은 분야를 향해 도전의 지평을 확장하고 있다.

현대 철학의 창시자인 오거스트 콩트는 수학의 기본 분야가 이런 역할을 담당한다고 생각했다. "대수학은 인간의 지성을 강화한다. 또한 다른 학문을 더욱 수월하게 정복할 수 있도록 한다."[1] 미국수학교사회는 이렇게 단언한다. "수학을 공부한 사람은 그렇지 않은 사람보다 지성적인 삶을 살 수 있어야 한다."[2] 저명한 공공 기관인 전미연구평의회National Research Council는 수학이 절차적 능숙성, 성과를 내는 성향, 개념 이해, 전략적 역량, 적응 추론 능력을 향상한다고 주장했다.[3] 분석적 재능을 높이 사는 시대에, 수학은 논리적 사고를 가능하게 하는 핵심 열쇠이자 유한한 지성을 확대하는 수단으로 간주된다.

나는 이번 장에서 이러한 가설에 도전하고자 한다. 냉철하게 현실을 바라보면 내가 인용한 주장들이 단지 희망 사항에 그칠 뿐, 검증된 주장과는 거리가 멀다는 사실을 알게 될 것이다. 오히려, 앞으로 알게 되겠지만, 수학을 공부해야만 바람직한 사고 체계가 형성된다는 주장은 전혀 증명되지 않은 가설에 근거했음이 드러날 것이다. 면밀하게 살필수록 이러한 주장은 설득력을 잃는다.

수학을 통달하려면 특별한 추론 능력이 필요하다는 사실은 나도 인정한다. 수학과 철학을 공동 연구하는 앨리스 크래리와 스테판 월슨은 이렇게 말했다. "수학은 특별한 사고 기술을 요구한다."[4] 기하학적 증거를 추구하려면 분명 지력을 활용해야 한다. 중학생이 각도를 분석하건, 교수가 타원체 좌표를 연구하건 마찬가지다. 하지만 포스트모던 시를 설명하는 것에서부터 최고급 요리를 완성하는 것까지 모든 노력에는 치열한 사고가 필요하다. 하지만 파스칼과 피타고라스의 이론을 숙달한 성인이 다른 분야에서 능력을 갈고닦은 친구들보다 더욱 깊이 사고할 것이라는 증거는 발견되지 않는다. 실제로 학자들은 한 분야에 주입된 방식과 체계가 다른 영역에 적용될 수 있는지를 두고 심각한 의문을 제기한다.

- 한 분야에서의 사고 능력을 다른 분야에도 동일하게 적용할 수 있는지는 다소 의문이다. 그렇게 믿고 싶은 마음은 이해하지만, 그 사실을 증명하기는 어렵다.[5]
- 한 가지 지적 능력을 숙달했다고 해서 다른 분야에서 지적 능력을 저절로 얻을 수 있는 것은 아니다. 이는 오랜 기간에 걸쳐 검증된 심리학의 가장 확고한 발견 중 하나다.[6]
- 한 가지 정신 작용을 계발한다고 해서 다른 정신 작용에 동일한 효과가 나타날 것으로 기대하기는 힘들다. 아무리 두 정신 작용이 비슷하더라도 마찬가지다.[7]

제일 위에 적힌 말을 한 사람은 뉴욕 대학교의 유명 수학자 모리스 클라인이다. 그다음 발언의 주인공은 버지니아 대학교의 E. D. 허쉬로, 모든 문명인이 알아야 할 목록을 작성한 사람으로 널리 알려져 있다. 세 번째 발언의 주인공은 에드워드 리 손다이크다. 콜럼비아 대학교의 저명한 심리학자인 그는 1923년에 라틴어를 공부한 사람들의 문학 소양이 늘어나지 않는 것을 발견하고 그런 발언을 했다. 인류학을 공부했다고 하여 천문학적인 소양이 늘어난다고 주장하는 사람은 아무도 없을 것이다. 또한 수영에서 기록을 세운 사람이 라크로스에서 일등을 할 리도 없다. 그런데 오직 수학만이 보편적인 숙달의 도구라고 주장하고 있다.

추론과 논리가 수학의 근간이라는 것은 당연하다. 그런데 다항식을 잘 풀면 다른 현안에도 날카로운 통찰력이 생길까? 논리적으로 완벽하게 증명을 해내면, 낙태가 산모의 생명을 위협하는지, 제3국을 침공하게 되면 국가의 이익이 늘어나는지에 대한 답도 얻을 수 있을까?

수학과 관련한 증거는 체계적으로 구조화되며, 각 단계는 순서가 정해지거나 숫자가 부여된다. 버트런드 러셀은 이러한 논리가 감정을 배제할 뿐 아니라 한껏 훈련된 지성을 추구한다는 점에서 "차갑고 엄격하다"고 묘사했다. 더 넓은 세상으로 눈을 돌리면 그토록 금욕적인 경우가 드물다. 낙태와 침략을 토론하면서도 숫자와 사실관계를 다루긴 하지만, 감정, 문화적 가치, 기타 정성적 요소들의 작용 또한 거기에 일조했음은 부인할 수 없는 사실이다. 요컨대, 일반적인 증명만으로 해결되는 인간사란 많지 않다.

모리스 클라인 말고도, 많은 학자는 수학의 추론 능력이 다른 분야에 전이된다는 사실을 의심한다. 이스턴 코네티컷 주립 대학교의 피터 존슨 교수는 대수학을 콕 집어 이야기하나, 그의 발언은 모든 학문에 공통으로 적용될 수 있다. "학생에게 기대하는 추론 능력이 일반적인 문제 해결이나 비판적 사고에 도움이 된다는 연구 사례는 어디에서도 찾아볼 수 없다."[8] 드포 대학교의 언더우드 더들리는 이렇게 말을 더한다. "수학 공부가 지성을 향상시킨다는 주장은 음악과 미술을 배울수록 영혼이 풍부해진다는 주장만큼이나 증명하기 어렵다."[9]

실제로 특정한 명제는 굳이 증명할 필요 없이 살아가는 경우가 대부분이다. 어느 정도 확실하면 만족하며 그럭저럭 살아간다(마치 음악과 미술이 우리에게 중요하다고 믿는 것이나 마찬가지다). 이번 장 이후로는, 수학에 공을 돌리는 '추론 능력'을 키우기 위한 다른 효율적인 방법을 제안할 생각이다.

수학과 다른 과목의 상관관계

내가 직접 연구한 두 가지 소박한 사례로 시작하겠다. 믿을 만한 연구 사례가 부족한 탓이다. 첫 번째 사례는 SAT 연구로, SAT는 입시의 핵심인 동시에 국가 차원의 IQ 테스트와 비슷하다. 나는 SAT에서 높은 수학 점수를 받은 학생들이 독해 점수도 좋았는지 알고 싶었다. 달리 말하면, 수학을 잘하는 학생은 독해력도 뛰어날 확률이 높을까?

나는 SAT 측을 상대로 수학에서 최고 성적을 받는 학생들의 독해력 점수는 어떤지 물어보았다. 수학을 잘하는 학생들이 흡수한 지적 습성이 산문을 탐독하는 데에도 적용되는지 살펴보았다. 다른 통계 연구와 마찬가지로, 이 연구 또한 몇 가지 변수를 선택해야 한다. 연구의 모집단은 백인 학생과 흑인 학생으로 한정했다. 아시아계나 히스패닉계 학생은 미국에 온 지 얼마 안 되는 탓에 독해력이 떨어질 수 있기 때문이다. •

실제로 백인 학생과 흑인 학생 중에 수학 성적이 700 이상인 학생들

●종합하면, 흑인 학생의 88퍼센트, 백인 학생의 93퍼센트가 영어를 모국어로 습득한다. 히스패닉과 아시아계 미국인의 경우 이 수치는 각각 31퍼센트와 28퍼센트로 떨어진다.

은 5.4퍼센트였다. 최소한 SAT와 같은 시험 기준으로, 그들은 미국에서 수학을 제일 잘하는 학생들이다. 하지만 놀랍게도 이 중에 약 3분의 1인 36퍼센트만이 비판적 독해 부문에서 700점 이상을 받았다. 이런 결과는 수학을 통해 연마한 추리력이 다른 분야에 전이된다는 견해를 별로 지지하지 않는다.

나는 이 실험을 거꾸로 시도해보았다. 독해에서 700점 이상을 받은 학생들을 관찰해보니, 놀랍게도 그중 44퍼센트가 수학에서 700점 이상을 받은 것으로 드러났다. 한 마디로, 인문학을 잘하는 학생들이 수학을 잘하는 학생들보다 다른 분야에서도 더 두각을 나타낸 것이다. 따라서 SAT 결과를 분석해보면 문학적 소질이 뛰어난 학생이 수학도 잘할 확률이 높다. 반대로 수학을 잘하는 학생이 문학도 잘할 확률은 그보다는 떨어진다. 대수학을 잘하고 싶으면 소설과 시를 더 많이 공부해야 한다고 인문학자들이 충분히 주장할 수 있다.

그다음으로, 내가 강의하고 있는 뉴욕 퀸스 칼리지에서 소박한 실험을 시도했다. 모든 신입생은 수학 과목이 포함된 배치고사를 치러야 했다. 나는 학생들의 수학 성적이 상당수의 학생이 전공으로 선택한 역사 과목 성적과 어떤 상관관계가 있는지 알고 싶었다. 이러한 연구를 시도한 이유는 역사 과목이 추론적 사고와 증거 평가 능력이 중요해 인문학과 사회과학을 아우르기 때문이다.

수학은 최저 60점에서 최고 100점까지, 역사는 A+학점에서 D학점, F학점으로 성적을 매겼다. 다음에 나오는 그래프의 각 점은 학생들의 수학 성적과 역사 성적의 상관관계를 나타낸다. 모든 그래프에 점이 흩

어져 있는 것을 볼 수 있다. 결과적으로, 수학 성적이 좋은 학생들은 그렇지 못한 학생들보다 역사 성적이 좋지 않았다. 실제로 수학 성적과 역사 성적의 상관관계는 0에 가까웠다(+0.0699). 이는 곧 두 변수 사이에 아무런 상관관계가 없음을 드러낸다.

수학 성적과 역사 성적의 상관관계는?

역사 시험 성적

수학 시험 성적	A+	A	A-	B+	B	B-	C+	C	C-	D/F
98		• •			•					
96		•	•		•					
94		•			•				•	
92		• • •	•						•	
90		• • •	•	• • •	• • •			• • •		
88		•		•		•		•		•
86		• • •	• • • • • •			•	•	•		
84	•	• • •	•	•	•					
82	•	• •	• •		•	• •		•		
80	•	• • • • • •	• •					• • •		
78		•	•	• •	•	•	• •	•	•	
76	• •	•	• • •	• • •	• •			•	•	
74				• •		•	•			•
72	•	• •		• •	•			•	•	
70		•	•		•	•	•			
68		•								
66		• •			• •					
64										
62										

억압된 환경에서도
수학 실력이 좋은 이유

인간의 탐구 정신은 지성이 존중되고 보장되어야만 꽃필 수 있다. 실제로 이러한 분위기가 얼마나 보장되느냐에 따라 자유로운 사회와 그렇지 못한 사회가 구분된다. 수학 또한 다른 학문과 마찬가지로 이러한 분위기에 영향을 받을까? 인류 전체와 사회를 이해하는 데 수학의 추론 방식이 얼마나 유용한지 알려면 이러한 의문을 해결할 필요가 있다.

2013년 콜롬비아 산타 마르타에서 개최된 국제 수학올림피아드의 결과를 접하고 이런 생각이 떠올랐다. 92개국에서 527명의 학생이 이 대회에 참가했다.[10] (한 국가당 6명이 출전하게 되어 있으나, 모든 국가가 6명을 출전시키지는 못했다.) 다음은 상위권에 포진한 국가들 목록이다.

1위	중국	2위	대한민국
3위	미국	4위	러시아
5위	북한	6위	싱가포르
7위	베트남	8위	대만
9위	영국	10위	이란

몇 가지 충격적인 사실이 드러났다. 첫째, 아시아 팀들이 상위 10팀 가운데 6팀을 차지하고 있다. 나아가 10위 안에 든 영미권 국가의 학생들 또한 아시아계였다. 입상자의 재능이 엄청나다는 사실은 의심할 여지가 없다. 아무리 일부 국가가 획일화된 주입식 교육을 고수하더라도,

올림피아드에서 입상한 학생을 암기식 수학에 익숙한 학생들로 폄하할수는 없다. 올림피아드 문제는 쓱 본다고 정답을 맞힐 수는 없으며, 결과에 이르는 독창적인 과정을 찾아내야 한다. 수학이 창조성과 맞는 학문이라면, 최고 점수를 기록한 학생들은 뛰어난 창의력을 갖추었음이 틀림없다.

또 다른 사실이 내 눈길을 끌었다. 상위권 국가들의 사회 분위기가 자유롭지 않다는 사실이다. 중국, 러시아, 베트남에서는 사회 문제에 이의를 제기하면 인생이 힘들어지고, 인정받고 보상을 받는 길 또한 멀어지기 마련이다. 이란과 북한이 국민을 억압하는 나라라는 사실은 두 말할 필요도 없다. 싱가포르조차도, 제대로 경력을 쌓으려면 신중하게 살아야 한다. 요컨대, 수학 올림피아드 우승자 중에 최소한 절반은 제약 사항이 많은 환경에서 공부해야 한다.

물론, 독재자가 사람들의 생각까지 통제할 수는 없다. 하지만 열린 토론을 억누르면 전반적인 환경이 영향을 받는다. 국가의 표준을 벗어나 생각하려면 특별한 노력이 필요하며, 때로는 상당한 위험을 감수해야 한다. 하지만 올림피아드 입상자 목록을 보면 억압된 환경 속에서 자란 학생들도 세계적인 수준의 수학 실력을 갖출 수 있다는 사실이 드러난다.

그렇다면 심한 억압 속에서도 탁월함을 발휘할 수 있는 수학을 두고 어떤 결론을 내릴 수 있을까? 수학의 속성이 정치적, 사회적 현실과 떨어져 있다고 생각하는 탓에 통치자들은 수학적 발견을 그다지 우려하지 않는 것이 아닐까? 수학이 첨예한 이슈에 관한 대중적 인식을 움직인다면, 권위주의 국가들은 수학을 위협으로 간주할 것이다.

다른 분야의 학자들, 특히 인류학자나 사회과학자들은 자유로운 탐구가 가능해야만 연구를 진행할 수 있다고 말한다. 생물학자는 진화론을 반대하는 사람들에게 부담을 느끼며, 기후를 연구하는 사람들은 방어적인 입장에 서야 할 때가 많다. 사상이 다른 이방인이 연구에 반기를 드는 사례에 대해서는 모두가 경험한다. 하지만 수학자들만은 예외인 것 같다. 그들이 가르치고 연구하는 내용이 정치적 반향을 불러왔다는 불평을 들어본 적이 없다. 교과과정에 대한 논쟁을 제외한다면(이 쟁점은 다음 장에서 다루겠다), 수학자에게는 외부의 분노를 일으킬 만한 재료가 없다. 기껏해야 순수 학문을 무시하는 분위기를 비판하며 연구 재원을 충분히 후원하지 않는다고 불평하는 정도다. 그래서 스스로 이렇게 물어보았다. 수학자에게만 필요한 자유라는 것이 있을까? 수학자와 수학을 공부하는 학생들이 최고의 지적 능력을 발휘하려면 어떤 환경이 확보되어야 할까?

올림피아드의 결과는 그러한 환경이 영국과 미국뿐 아니라 이란, 중국, 북한에서도 가능하다는 것을 보여준다. 물론 그러한 국가들의 분위기가 더 자유로웠다면, 더욱 훌륭한 수학자를 배출했으리라 주장할 수도 있다. 하지만 중국이 다른 국가보다 우승횟수가 월등히 잦은 마당에, 꼭 그럴 것이라 단정하기도 어렵다. 더 자유로운 사회에서는 수학자도 다른 분야와 관련한 자기 생각을 다른 사람들처럼 표현할 수 있을 것이다. 하지만 그들이 원추 곡선을 연구했다고 해서 동성 결혼이나 총기 소유에 대한 그들의 견해가 더욱 큰 권위를 갖게 되는 것은 아니다.

수학에서 증명이란

수학의 위대한 목표는 명제를 증명하는 일이다. 이는 추정과 가설에서 시작해 단계를 밟아 진리로 나아가는 과정이다. 그러한 명제를 수립한다는 것은 합리적인 사례를 만드는 것보다 더욱 어려운 일이다. 수학 이론을 증명하려면 해당 분야의 모든 인원이 만장일치로 동의할 수 있을 정도로 설득력이 있어야 한다. 오늘날에는 증거 제시가 수백 쪽에 달하기도 하며, 컴퓨터 연산에 의지하는 일도 많아진다.

수학적 증명 과정에서는 비상한 상상력과 기존의 통념에 대한 도전 정신, 예상치 못한 대안을 탐구하려는 자세가 필요하다는 데 나도 동의한다. 따라서 수학적 증명은 행복한 작업이다. 내가 좋아하는 로저 펜로즈의 말을 옮겨 본다.

> 수학에서의 증명이란 천의무봉天衣無縫의 명제다. 오직 순수한 논리적 추론만을 활용하며, 이로써 자명한 것으로 밝혀진 경구로부터 … 일정한 수학적 명제의 유효성을 추론할 수 있다.[11]

흥미로운 사례는 유클리드의 명제 35다. 유클리드는 주어진 직사각형의 면적과 똑같은 사각형을 그릴 수 있다는 것을 증명했다. 여기서 자세한 내용까지 들어가긴 어렵지만, 간단히 설명하자면 유클리드는 직사각형 주변으로 원을 그렸고, 이 원을 활용해 면적이 동일한 사각형의 밑변과 윗변을 측정할 수 있었다. 여기에서 $ab \times bc = fb^2$ 이라는 등식을 도출한 유클리드는 페이지 말미에 Q.E.D.("이상이 내가 증명하려는[증명 한] 내용이었다"의 라틴어 약자—편집자)를 적어 넣어도 되겠다고 생각했다. 유클리드의 비결은 무엇이었을까? 펜로즈는 "순수한 논리적 추론"이라고 말했다. 유클리드가 그의 명제를 발표하자, 모든 과학에서 그러하듯 다른 수학자들도 이를 세심히 검토했다. 그들은 불일치, 모순, 기타 흠결을 샅샅이 찾아보았으나 유클리드의 사례에서는 명제 35가 의심의 여지 없이 증명되었다고 모두 인정했다.

또 강조해야 할 것은 펜로즈가 언급한 주장과 경구가 현실의 경험과는 완전히 동떨어진 분야에만 적용된다는 사실이다. 그러다 보니 수학자들의 증명 기법을 배우는 것은 이 세상사를 증명하는 데 아무런 도움이 되지 않는다는 결론에 도달했다. 이러한 이유로, 현실 증명의 의미와 과정을 이해하려면 수학 공부보다 더욱 알찬 방법이 많다고 주장할 수 있다. 이러한 대안적 접근은 기하학과 대수학 이상으로 우리의 지적 능력을 시험하며, 개인의 삶과 공공의 삶 모두에 더욱 밀접하게 이어져 있다.

과학적 증명이
더 위대한 성취인 이유

앞서 언급한 것처럼, 수학과 과학에서 이론과 정리의 수립이란 개인이 얼마나 정확히 분석했느냐보다는 모든 동료가 인정하는지에 달려 있다. 과학에서는 설령 그렇게 인정받는다고 해도, 수학보다 더욱 조심하기 마련이다. 자연과학자와 물리학자들은 윌리엄 제임스가 말한 "버스럭대고, 퍼져나가는 혼란"[12]을 경험하기 때문이다. 이러한 혼란은 우주에 존재할 수도, 우리 내면 깊은 곳에 존재할 수도 있다. 천문학에서 동물학에 이르기까지, 모든 것이 워낙 방대하고 얽히고설켜 전체적인 퍼즐을 풀지 못하는 것은 물론, 모든 조각을 찾아내는 일도 불가능할 것이다.

모든 수학자는 사이먼 싱의 말에 동의한다. "무엇이 한 번 입증되면, 그것은 영구히 입증되는 것이다."[13] 다른 분야 학자들은 그들이 연구하는 분야의 특정 명제를 그 정도로까지 확신하지는 못한다.

그렇다면 과학 이론이 입증되었다는 것은 무엇을 의미하는가? 지식 체계에서 '이론'이 무엇을 의미하는지부터 시작해보자. 찰스 다윈의 이른바 '자연 선택 이론', 또는 '자손'의 개념이 좋은 예다. 다윈의 생각에 반대하는 사람을 포함해 대부분 현대 과학자들은 그의 이론을 '진화론'이라고 부른다. 잘 알려진 바처럼, 일부 반대론자는 "그저 이론에 불과하다"라는 이유를 들어 다윈의 이론을 정규 교육 과정에서 삭제해야 한다고 말한다. "이론에 불과하다"라는 말에는 진화론이 어설픈 추정의 집합체라는 조소가 담겨 있다.

한편, 진화론 지지자도 다윈의 생각이 완전무결한 진리라고는 생각하지 않는다. 아주 정직한 이유 때문이다. 다양한 과학 분야를 종합해보면, 완결성이 증명되는 경우가 드물기 때문이다. 완전무결하지는 않더라도, 자연 선택이란 생명의 현 상태를 가장 일관적인 논리로 분석하고 우리가 바라보는 현상을 가장 잘 설명하는 이론이다. 말하자면, 우리가 마주하는 실존의 문제에 제일 만족스러운 답을 제공한다는 점에서 '증명된' 명제로 자리매김해온 것이다.

학생들에게 과학적 증거와 진리에 이르는 과정을 알려주려면, 다윈이 비글호에서 자료를 수집하기 시작한 이후, 진화론이 어떻게 자라났는지를 가르치면 된다. 우선 자연 선택, 적응, 생존이 발전하는 유전학 지식과 어떻게 종합될 수 있는지를 생각해볼 수 있다. 잡종 꽃을 연구한 후고 드브리스는 돌연변이 이론에 초점을 맞췄다. 토머스 헌트 모건은 초파리를 연구해 자연 선택 이론에 살을 붙였다. J.B.S. 할덴과 로널드 피셔는 진화의 통계적 구조를 창안했고, 시어도어 도브잔스키는 자연개체군이 어떻게 증가하는지를 밝혔다. 하지만 다윈의 이론이 천재적인 이유는 이러한 변형과 살붙이기를 모두 포용할 수 있기 때문이다. 따라서 유전자 돌연변이에 관한 최근의 연구 결과는 다윈의 이론과 어긋나지 않는다. 오히려 '자손'이라는 개념을 더욱 잘 이해하도록 도와준다.

다윈의 사례를 연구해보면, 그의 이론이 어느 정도까지 검증되었는지, '증명'이란 개념을 꺼낼 수 있는 정도인지를 생각해볼 수 있다. 확실성이 무엇인지를 탐구하려면, 이러한 문제와 씨름하는 것이 유클리드나 피타고라스 정리에 의지하는 것보다 더욱 큰 도움이 될 수 있다. 다윈의 이론은 그 자체로 숙고할 만한 가치가 충분하지만, 아무리 들여다보아도 수학이 쓰인 흔적은 찾기 어렵다. 물론 수학 분야에서 확립한 여러 가지 증명 사례는 위대한 성취임이 분명하다. 그렇다 해도, 다른 분야의 진리를 발견하도록 도와주는 효과는 미미하다.

법률적 증명 과정과 수학 탐구 과정의
유사점과 차이점

나는 살면서 형사 재판을 다섯 번 참관했다. 이 가운데 두 건은 살인 사건을 다룬 공판이었다. 당신이 성인이라면 형사 법정에 꼭 가보길 바란다. 시민의 한 사람으로서 쉽게 접하기 힘든 교육적 체험을 할 수 있기 때문이다. 정의를 보장하기 위한 절차에 푹 빠져 보면, 사람들이 어떻게 살아가는지를 배우는 동시에 나 자신을 되돌아볼 수도 있다.

나아가, 증명이 무엇인지 알려면 배심원을 맡아보는 것이 기하학을 몇 학기 공부하는 것보다 낫다는 결론에 도달했다. 시민 배심원단은 검사가 제시한 증거가 합리적인 의심의 여지 없이 피고인의 죄를 입증할 수 있는지 발견하고, 또 결정해야 한다. (민사 사건은 배심원들의 수가 적고, 단지 일방에게 증거 우위가 인정되는 것으로 충분하다.)

과학이 합의된 증거에 바탕을 두듯, 배심원단 또한 합의된 평결에 도달해야 한다. 남녀로 구성된 배심원단은 집단 지성을 발휘해 그들이 보고 들은 것을 갖고서 판사가 설명하는 엄격한 기준을 충족하는지 판단해야 한다. 이미 알다시피, 피고인들이 먼저 무죄임을 입증하는 것이 아니며, 검찰 측에서 먼저 유죄임을 입증해야 한다.

내가 참관했던 형사 법정의 한 장면을 묘사해보겠다.[14] 경찰관 1명이 증인으로 나와 선서를 마쳤다. 그는 퇴근길에 어떤 집에서 나는 총소리를 들었다고 증언했다. 그가 집 안에 들어가니, 문 옆에 시체가 있고 한 남자가 총을 쥐고 그 옆에 서 있었다. 그 남자는 지금 살인 혐의를 받는 피고인으로 법정에 출석해 있다. 총구에 연기가 피어오르지는 않았지만(총을 쏘고 연기가 피어오르지 않는 경우는 없다), 이처럼 모든 정황이 확실하게 돌아가는 사례도 찾기 어렵다. 하지만 곧 피고인 측의 변론이 시작된다.

위층에 있던 그는 아래층에서 나는 총소리를 들었다. 서둘러 내려와 보니, 시신 옆에 총이 놓여 있었다. 그는 자신이 총을 주웠다는 사실을 인정했다. 인근 총포에 갖고 가면 상당한 가격에 팔 수 있기 때문이다. 피고인 측 변호사는 그가 아닌 다른 사람이 범인이라고 주장했다. 배심원단은 피고인이 살인을 저질렀다고 인정할 만한 충분한 증거를 검찰이 제출했는지 판단해야 한다. 죄 없는 사람을 감옥에 보내고 싶지 않기 때문이다. 꼬박 하루를 들여 꼼꼼히 검토한 다음, 배심원은 합의된 평결에 도달했다.

학생들은 법정을 재현해볼 수 있다. 그들은 재판 기록이 담긴 원고를 읽고, 공판 동영상을 보고, 가상의 사례도 고심한다. 어떤 방법을 쓰건, 재현 과정에서는 구두 증거나 물적 증거, 변호사의 변론, 증인의 증언, 판사의 소송 지휘가 등장한다.

증거를 따져 보고, 일방이 형사재판의 증거원칙("합리적 의심의 여지 없이")과 민사재판의 증거원칙("증거 우위")에 따라 사안을 증명했는지 따져 보아야 한다. 나아가 재판이란 완전히 공개된 포럼이 아니다. 배심원들은 법정에서 증거능력을 인정받은 증언과 증거만을 평가 대상으로 삼아야 한다. 과학은 나름의 인정 기준을 지니고 있다. 증인들이 증언이 서로 모순된다면, 배심원들은 기억에 문제가 있는지, 지각에 문제가 있는지, 완전한 거짓말인지를 판단해야 한다. 배심원들은 수동적인 역할에 그치지 않는다. 재판에서 보고 들은 것을 나름대로 해석해 공유하며 고민한다. 그들은 증거를 평가하고, 추리하며, 서로의 말을 듣고 배우는 존재이기에 그렇게 할 수 있다.

배심원이 만장일치로 평결을 내린다는 보장은 어디에도 없으며, 이는 곧 증거를 찾는 과정에서 배울 수 있는 또 다른 교훈이다. 그들이 추구하는 진실이 반드시 증거로 뒷받침되지는 않는다는 사실을 깨달을 수도 있다. 어떤 공판이 끝나고 나서, 친구에게 이렇게 말했던 기억이 난다. "아마도 피고인은 유죄인 것 같아. 하지만 검사 측에서 유죄를 입증할 만한 증거를 제시하지 못했다는 결론에 도달했어."

정의의 탐구가 수학 연구와 공통점이 있다는 이야기일까? 여러모로 그렇다고 볼 수 있다. 벡터이건, 각도이건, 총을 든 남자가 방아쇠를 당겼는지 밝히는 일이건, 양자 모두 진리를 확인하려 든다는 점에서는 다를 바 없다. 배심원들은 다변량 모델을 창조해야 하고, 최종 평결에 이르는 여러 요소를 여과하고 무게를 재야 한다. 진화생물학이건, 법정이건, 교실이건, 우리는 진리에 다가가는 과정에서 현실의 증거를 평가할 수 있는 논리적 사고와 능력을 키우고자 한다.

법정에서 결과를 도출하고 진화론 논쟁을 이해하려면 나름의 논증 절차가 필요하다. 이러한 논증 절차는 추상적인 수학보다도 학생들이 살아가는 데 더욱 값진 자산이다. 하지만 수학은 논리적 사고에 특별한 도움이 되지 않는다.

이번 장에서는 수학자들에게 도전장을 내밀려는 의도가 분명 있다.

유클리드식 논증이 수학자만의 전유물이 아니며, 법률가와 과학자 또한 그러한 논증 방식을 공유한다는 사실 말이다. 충분히 주목할 만한 가설이다.

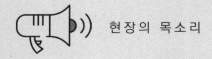

현 장 의 목소리

수학을 배우면 학생들의 분석 기량이 향상된다는 사실을 확실히 보여주는
표준 연구가 있는지 의문이에요.

모두가 수학을 배워야 한다는 믿음은 도대체 어디에서 비롯된 것일까요? 수
학을 공부하는 것 말고, 지성을 다듬을 만한 방법은 없는 걸까요?

살아가는 데 필요한 수학은 호들갑을 떨지 않아도 금방 배울 수 있습니다.[15]

최고의 사고력을 지닌 사람들은 누구일까요? 수학자라고 생각하나요?

페르마의 마지막 정리 대부분을 풀 수 있으면서도, 배우자를 고르는 눈은 영 아닌 사람들이 많다.[16]

수학적 추론이란 훌륭한 기술입니다. 하지만 대부분 실제 삶과는 무관합니다. 우리는 육아, 결혼, 경력 관리 등 일상사에서 숱하게 추론을 거듭합니다. 대수학을 배워야만 이러한 추론이 가능한 것일까요?[17]

7장

수학 **마피아**

그들은 영향력에 비해 비교적 작은 집단으로 움직인다. 구성원 대부분은 일류 대학교의 원로 수학 교수들이며, 대학원 과정과 고급 연구 과정을 담당하는 것으로 알려져 있다. 다소 유명세가 떨어지는 조직에 속한 다른 구성원도 학계에서 활동하거나, 공공위원회에서 일하거나, 관련 분야에 글을 발표한다. 나는 순수한 연구 활동 말고도 학계에 영향력을 행사하는 그들을 가리켜 '만다린the mandarins'이라고 부른다. 무엇보다도, 그들 주변에서 풍겨 나오는 여유로움과 특권 의식이 고대 중국식 카스트 제도와 비슷한 점이 많기 때문이다. 세인트 올라프 대학교의 린 아서 스틴은 라이트 밀스C. Wright Mills가 미국의 기업 감독관들을 묘사했던 표현을 빌려 이들을 "수학계의 파워엘리트"[1]라고 지칭했다. 에르고드 이론ergodic theory으로 유명한 폴 할모스는 이들을 "불멸하는 성직자들"[2]이라고 묘사했다. 그들을 어떻게 생각하든, 학계의 원로 집단인 각 구성원은 모든 단계에 걸친 전체 지식을 세우고, 가르치고, 연구하는 시스템을 관장한다.

그렇다면 학계의 거장들을 따르는 것이 합리적일까? 우리는 보험계리인이나 신경외과 의사 같은 전문가에게 중요한 결정을 맡기거나, 자신의 견해를 바꾸기 전에 최소한 두 번 이상 생각한다. 모든 사회에는 일반인보다 많은 것을 아는 전문가가 존재한다. 나 역시 외부와 차단된 시설에서 엄청난 것을 연구하는 인력을 위해 기꺼이 세금을 낼 준비가 되어 있다. 실제로 나는 내 세금이 힐베르트의 공간이론Hilbert spaces이나 볼첸홈의 소수素數 이론 연구에 쓰이는 것이 기쁘다.

하지만 우려되는 것은, 만다린이 학문으로는 만족하지 못한다는 사실이다. 그들은 지식을 갖추었으니, 그걸로 교육 체계를 좌지우지하고 위대한 사회 건설을 위한 우선순위를 정할 허가증을 받았다고 여긴다. 한마디로 자신의 왕국이 인간의 지성을 제일 잘 드러낼 수 있다는 가정에 그 바탕을 두고 만든 대의가 있다. 어떤 만다린에게는 수학이 세속의 이데올로기이지만, 어떤 만다린에게는 지성적 신학이 되는 것이다.

대부분 성인에게 — 상당한 교육을 받은 사람이라도 — 수학은 산수와 달리 미지의 세계로 다가올 뿐이다. 저널리스트 베티 롤린스는 뉴욕대학교의 저명한 수학 교수와 결혼했다. 그녀는 결혼 직후 대부분 아내처럼 남편이 온종일 무슨 일을 하는지 알고 싶었다. 하지만 며칠 저녁을 아무런 소득 없이 보내고 나서 다른 교수 부인들에게 상담을 의뢰했다. 그들 모두 학사 이상의 학위가 있고, 사회생활 경력도 괜찮았다. "힘 빼지 마세요." 그들은 이렇게 조언했다. "뭘 하는지 짐작도 못할 거예요."[3] (〈나는 스파이와 결혼했다〉 같은 영화를 찍는 경험이리라.)

물론, 원로 교수들은 자기 분야의 필수 교육 과정이나 세미나에서 무엇을 가르쳐야 할지를 정해야 한다. 우리는 이를 학문의 자유라 부른다. 하지만 모든 학생의 교육 과정을 무소불위의 엘리트들이 전적으로 결정해버리는 것은 다른 차원의 문제다. 만다린은 각종 위원회에 초빙되며, 이러한 위원회는 많은 학교에서 가르칠 내용을 마음껏 결정한다. 심지어 유치원에서 가르칠 것을 정하기도 전에 말이다.

모든 아이에게 엄격한 수학 교육이 필요한가

조지 부시 정부의 교육부 장관, 마거릿 스펠링스가 설치한 위원회에서는 2008년 〈성공의 기초Foundation for Success〉라는 제목의 857쪽짜리 보고서를 발간했다. 이 보고서는 "착실한 수학 교육은 국가적 이익과 결부된다"라는 말로 시작한다.[4] 나는 이 보고서에 깃든 정서를 부인하지 않는다. 꼭 국가 경제나 안보를 위해 그런 것만은 아니다. 모든 것을 떠나 수학이란 시나 미술과 마찬가지로 그 자체의 진리와 아름다움 때문에 연구할 가치가 있다. 나는 미학 또한 "국가적 이익"에 포함된다고 생각한다.

어떤 경우에서건, 나는 모든 학생이 "개념 이해, 계산 능력, 문제 해결 능력"을 키워야 한다는 위원회의 주장에 동의한다. (이 책 후반부에서는 어떻게 이러한 능력을 키울 수 있는지 알려주려고 한다.) 이러한 생각을 지닌 위원회의 목표는 명확하다. 위원들의 일치된 생각으로는, 모든 학생은 대수학의 주요 과정을 공부하기 위해 일찍부터 수학적인 기초를 쌓아나가야 한다는 것이다. 실제로 이 보고서는 유리식, 이항계수, 이차다항식, 로그함수 등 27가지 논제를 열거하고 있다.

위원회 참여자 면면을 살피면 깨닫는 바가 있을 것이다. 20명의 위원 가운데 15명이 하버드, 버클리, 코넬급 대학교에서 교수를 역임했거나, 현직에 있는 원로 교수들이다. 이 학교들은 하나같이 연구 활동과 박사학위를 강조한다. 재단 관계자 2명과 외곽 칼리지의 행정담당 인력 1명도 위원으로 들어왔고, 은퇴한 초등학교 교장 선생과 중학교 선생이 거의 '깍두기'로 한 자리씩 배정받았다. 이처럼 위원 수를 따지면 15 대 1의 비율로 대학교수가 학교 선생을 월등히 앞선다.

이를 보면 모두에게 고등 대수학을 얼마나 강조하는지 알 수 있다. 위원들은 고등 대수학이 만다린의 왕국에 첫발을 들이는 과정이라고 생각한다. 실제로 열한 살 학생 중에 훗날 박사 과정 세미나에 참여하게 될 숫자는 극소수에 불과하다. 하지만 이러한 극소수를 위해 학교에 들어가는 모든 어린이에게 엄청난 수준의 대수학을 강요한다. 위원회가 미국의 수학 교육을 이렇게 유도하며, 존스 홉킨스의 스테판 윌슨은 "여섯 살이나 일곱 살부터 대학 교육을 준비하기 위해 수학의 기초를 쌓아야 한다"[5]고 서두른다. 얼핏 생각하면 그럴듯해 보이지만, "대학 교육을 준비"한다는 말이 400만 명의 7학년 학생이 엄격한 수학 교과를 마쳐야 한다는 뜻이라면, 반드시 중도에 탈락하는 학생을 생각해야 한다.

〈성공의 기초〉는 예상한 것 이상으로 깊은 영향을 미쳤다. 이 보고서에 깃든 고등수학에 대한 '신앙'이 훗날 커먼 코어 프로젝트의 근간이 된다. 12년 후 이 기준은 미국의 일반적인 교육 과정으로 자리 잡는다. 후반부에 언급하겠지만, 어떤 기준을 세우려는 노력을 두고 뭐라 할 수는 없다. 하지만 모두에게 '대학 교육 준비'를 위주로 한 수학을 강요하면, 공부하고 싶은 수많은 어린 꿈나무는 궤도에서 이탈한다.

수학 교수들이 주도한
'새로운 수학'

만다린은 여러 분야에서 활발하게 활동한다. 그들은 학생을 상대로 대학에서 어떤 수학을 접하게 될지 미리 주의를 준다. 〈성공의 기준 Standards for Success〉이라는 또 다른 보고서는 이러한 메시지를 전파하는데, 퓨 자선기금의 후원을 받아 작성된 이 보고서는 연구에 매진하는 기관의 생각을 반영하고 있다. 하버드, 스탠퍼드, 인디애나, 미시간 대학교 등 24개 기관은 의견을 모아 학생이 학위를 받기 위해 지녀야 할 기술을 특정했다. (이유는 모르겠지만, 스워스모어와 칼리톤 같이 인문학에 특화된 대학은 이 작업에 초청받지 못했다.)

2만 개의 고등학교는 새로운 발견을 강조하는 CD와 함께, 〈성공의 기준〉(줄여서 S4S라고 부르기도 하는데, 젊은 독자들에게 자기들은 유행에 민감하다는 인상을 주기 위해서일 것이다) 보고서를 한 부씩 받아보았다. 특히, 보고서는 "AAU 대학교수들이 대학 신입생에게 요구하는 수준"[6]에 정신을 바짝 차려야 한다고 말한다. 꺼림칙하게도, "대학교수가 고등학생에게 기대하는 지식과 능력의 수준이 너무 높아 놀라울 정도"라는 이야기를 덧붙인다. 이러한 충격을 덜어보고자 S4S는 고등학교에서 공부해야 할 68가지 기술을 열거한다. 신입생 시절을 활력 있게 보내려면 꼭 공부해야 할 내용이다. 1학년 학생은 반드시 전공을 선택해야 하고, 여기에서 교수들이 수학과 지망생에게 기대하는 수학 실력 몇 가지를 소개한다.

- 각종 함수(다항함수, 유리함수, 지수함수, 로그함수, 삼각함수)를 이해한다.
- 삼각함수와 이에 따른 그래프(정의역, 치역, 진폭, 주기, 위상변이, 수직편이 등)의 관계를 이해한다.
- 이차함수의 기본 구조, 이차방정식의 근 및 함수를 0으로 만드는 x값의 상호 관계를 이해한다.

하버드나 인디애나, 러커스와 라이스를 비롯한 학교에서 석사학위를 따려는 학생은 이런 내용 이상을 공부해야 한다. 심지어 미술사나 인류학을 전공하려는 학생조차 수직편이나 이차방정식에서 벗어날 수 없다.

앞서 언급한 것처럼 이 보고서는 "대학교수들이 학생에게 기대하는 수준"에 관해 말한다. 하지만 학문에 발을 들이는 학생은 이러한 교수가 일하는 종합대학이 아닌, 종합대학 안에 자리 잡은 칼리지에서 처음으로 공부를 시작한다. 따라서 1학년은 별도의 커리큘럼에 따른 학사 과정을 밟게 되며, 이런 기준을 발표한 교수들에게 수업을 들을 기회를 얻기 힘들다.

하버드나 스탠퍼드, 미시건의 수석 교수들이 학부생에게 자기 시간을 얼마나 투자할까? 대형 강의실에서 받는 2학점 수업은 제외하자. 교수들은 개론 강의나 1학년 세미나에 얼마나 많은 시간을 개인적으로 투자할까? 이번 장 말미에 자세히 다룰 생각이다.

안타깝게도, 만다린은 개별 학생이나 미국의 지성보다는 자기 지위와 밥그릇에 관심이 많은 것 같다. 여러모로 우리는 늘 이런 식이었다. 1957년, 당시 소련은 세계 최초로 인공위성 스푸트니크호를 우주에 쏘아 올렸다. 충격에 휩싸인 미국은 주적을 앞서기 위해 수학 교육을 개선하기로 마음먹었다. 당연한 일이겠지만, 수학 교수들이 이러한 변화의 최전선에 나섰다. 그들의 지적에 따르면 미국 학생들은 계산 기술만 배울 뿐, 이론적 원리를 이해하지 못하고 있었다. 실제로 박사 과정에 있는 학생조차 이 부분에서 이해도가 떨어졌다. 그래서 그들은 초등학교부터 수학 이론을 공부하도록 재촉했다.

이른바 "새로운 수학"이 금세 모습을 드러냈다. 교사들은 초超 스푸트니크 시대를 준비하기 위한 작업장으로 파견되었다.[7] 학생들은 벤 다이어그램은 물론이고, 집합론, 벡터공간, 교환법칙, 분배법칙 숙제를 해야 했다. 학부모는 수학 과제의 풀이 요령이 담긴 책을 사야 했다. 새로운 수학이 태동한 대학교 회의실에서는 이런 모습이 그럴듯해 보였을지도 모른다. 하지만 칼리지에서 상당한 수학적 기반을 쌓은 교사들조차 감당하기 어려운 수준이라는 사실이 금세 드러났다. 미시건 주립 대학교의 수전 윌슨은 대실패의 원인을 분석하면서 진즉 깨달았어야할 결론에 도달했다. 《캘리포니아 드리밍California Dreaming》이라는 제목의 저서에서 명확히 밝힌 것처럼 새로운 수학이 실패한 이유는 "수학교사들이 아닌 수학 교수들이 주도했기 때문"이다.

초중고 수학 교육에 도움이 될까

과거 어느 때보다 많은 이론가가 등장하는 현실을 보면, 새로운 시대에 살고 있음을 절감한다. 실체가 있는 물리적 대상을 다루는 사람은 줄어들고, 별의별 전문가들이 개념, 분석, 설명에 매진하고 있다. 교사들은 더욱 엄격한 수학 교육 기준을 비롯해 기술, 시험과 관련한 새로운 지침을 거의 매일 받아본다. 하지만 이러한 지침은 수많은 학생의 역량을 제대로 고려하지 못한 경우가 많다. 다음 사례를 보자.

얼마 전, 캘리포니아 대학교 어바인 분교는 "수학의 교단敎壇"이라는 프로그램 기획에 250만 불을 투자한다고 발표했다. 많은 환호를 받았던 이 프로그램은 수학자보다는 수학 교사를 염두에 두고 있었다. 이유는 충분했다. 캘리포니아주의 대학들은 매년 12만 건의 학사 학위를 발급하지만, 고등학교 수학 교사 자격증을 따는 졸업생은 200명에 불과하기 때문이다.

학부생을 수학 교사로 이끄는 일은 칭찬할 만한 계획이다. 나아가 이 프로젝트의 후원자들이 표방한 목표는 교육 수준을 개선하는 일이었다. 하지만 한 가지 조건이 따라붙었다. 후원금을 '우수한 수학자' 초빙에 사용해야 했다. 이 수학자는 캘리포니아의 공립학교에 배치할 과학 교사와 수학 교사를 육성하는 데 주도적인 역할을 담당해야 했다.[8]

과연 '우수한 수학자'가 초중고 수학 교사들을 훈련하는 데 도움이 될까? 미안하지만 나는 그렇게 생각하지 않는다. 그가 아무리 저명한들 초중고 학생이 수학을 더 좋아하게 만드는 데엔 별 도움을 주지 못하며, 오히려 그 반대라는 증거가 오히려 더 많다. 최고 명문 고등학교의 고급 수학 교육 과정에서조차, 학문적인 수학 연구는 다른 세상을 탐험하는 것이나 마찬가지다.

나는 이 자리를 프레즈노 고등학교나 산타로사 고등학교의 1학년 선생에게 양보해야 한다고 생각한다. 다항식과 담을 쌓은 학생들에게 열정을 불러일으킨 후보자는 많을 것이다. 하지만 어바인이 마련한 자리에 누가 앉느냐는 것은 리만 가설을 푸는 것만큼이나 매우 급한 일이다.

사라져 가는 수학 전공자들

여기에 정말 큰 아이러니가 있다. 만다린은 미국 교육 체계에 그토록 많은 조언을 했는데도, 수학에 젊은 사람을 끌어들이는 데 완전히 실패했다. 다음 표를 보면 많은 것이 드러난다. 1970년과 2013년에 미국에서 배출한 수학 학사의 숫자를 각각 비교하는 표다. 수학 전공자는 27,135명에서 17,408명으로 급격히 감소했다.[9] 하지만 실제 감소율은 더욱 가파르다. 미국의 전체 학사 숫자가 1970년 이후 두 배로 늘어났기 때문이다. 따라서 수학 학사가 전체적으로 어느 정도 비율인지 알아보는 것도 좋은 방법이다. 2013년에는 이 비율이 겨우 1퍼센트에 그쳤다. 1970년에 비해 3분의 1 수준으로 떨어진 것이다. 다른 학위와 비교하더라도 유례없이 급감한 수준이며, 석사학위 또한 마찬가지다.

감소 추세를 보이는 미국의 수학 학사

1970년		2013년
27,135명	학사	17,408명
3.4퍼센트	전체 전공에서의 비율	1퍼센트
5,145명	석사	1,809명
2.5퍼센트	전체 전공에서의 비율	0.3퍼센트
1,052명	박사	730명
3.5퍼센트	전체 전공에서의 비율	0.5퍼센트

한 마디로, 학생들은 한때 잘나가던 학과를 피하고 있다. 물론 만다린은 나름 할 말이 있어 보인다. 내가 이 문제를 언급했을 때 그들이 했던 말을 요약해본다.

- "수학을 비롯한 순수 학문, 말하자면 학문 그 자체를 위한 학문을 피하려는 분위기가 엿보인다."
  └ 대략 맞는 말이다. 하지만 수학은 다른 분야보다 유달리 이탈자가 많다.
- "컴퓨터 과학이 다른 전공을 상당 부분 대체했다. 누구나 선호하는 경력으로 자

리 잡았기 때문이다. 1970년에는 이 학과를 찾아보기도 힘들었지만, 2013년에는 50,962명의 학사 학위가 나왔다."

ㄴ, 좋다. 하지만 내가 묻고 싶은 것은 이렇다. 컴퓨터 과학이 없었다면, 얼마나 많은 학생이 대신에 수학을 선택했을까? 하드웨어 설계와 소프트웨어 코딩은 본질상 공학의 범주에 속한다. 따라서 컴퓨터 과학과 학생은 반드시 수학 과정을 밟아야 한다. 그들 대부분에게 수학이란 지적 탐험에 머무르지 않고 직업상 꼭 필요한 사항이다.

■ "오늘날 학생들은 부모와 교사에게 휘둘리며, 힘들고 어려운 과목을 공부하기 싫어한다. 수학이 대표적인 사례다. 또한 교수에게 배워야 할 지식에 별로 열정을 보이지도 않는다."

ㄴ, 스승이 제자를 탓하는 말에는 신뢰를 보이기 어렵다. 내 생각에는 교수가 학생에게 열정을 심어주어야 한다. 왜 수학에만 예외를 두려 하는가?

기회가 없는 게 아니다

소규모 칼리지나 연구기관을 불문하고, 내가 만난 모든 수학자는 자기 직업에 애정이 있었다. 오하이오 주립 대학교의 피터 마치는 "수학자들은 수학을 사랑하고, 다른 사람들도 수학을 사랑해주길 바란다"라고 말했다. 일리노이 대학교의 피터 브라운펠트는 한껏 들뜬 채로 '수학의 아름다움'에 대해 이야기했다. 오하이오 주립 대학교의 시아 옹은 "아름답게 전개된" 증명에 늘 경이감을 느낀다.

문학 교사는 학생들에게 바이런의 시나 아돌 푸가드의 연극이 지닌 아름다움을 가르치려 든다. 미술 교사들은 엘 그레코의 아름다움이나 조지아 오키프의 천재성을 음미하게 한다. 음악, 건축, 영화 등에서 교육자는 학생들이 인류의 영원한 유산을 한껏 느낄 수 있도록 노력한다. 그렇다면 왜 수학에서는 학생의 흥미를 돋우기가 어려운 걸까? 나와 긴 이야기를 나눴던 교수들의 대화를 일부 발췌해 소개한다.[10]

"우리는 아름답게 전개한 논리적 주장을 가르칩니다. 하지만 학생들의 시큰둥한 반응에 당황하고 말죠." (옹)

"수학자들은 수학을 사랑하고, 다른 사람들도 수학을 사랑해주길 바랍니다. 하지만 아직 수학에 빠지지 못한 학생들을 끌어오는 것이 문제입니다." (마치)

"가르치는 방식 탓에, 수학은 그 아름다움을 보여주기는커녕 더욱 모호해집니다. 단어의 뜻도 모르고 받아 적는 것처럼, 대부분의 수학 교습은 잘못된 길을 걷고 있습니다." (브라운펠트)

수학 교수들은 그들의 수학 사랑과 수학에 깃든 아름다움을 왜 학생에게 소통하기 어려운 걸까? 기회가 부족해서는 아니다. 수학은 작문과 더불어 모든 고등학생과 대학생 대부분이 공부해야 하는 과목이다. 실제로 우리 학교 입학생 절반 이상은 수학과 강의를 하나라도 듣는다. 역사, 철학, 화학과에서는 이토록 많은 학생에게 자기 과목을 가르칠 기회가 없다.

하지만 수학을 전공으로 선택하려는 신입생은 드물다. 2014년, SAT

를 친 학생들 1,672,395명 가운데 겨우 12,934명만이 수학을 전공으로 선택했다.[11] (반면, 고등학교에서 별로 가르치지 않는 심리학을 선택한 학생은 66,461명이었다.) SAT를 치른 학생 대부분은 최소한 수학 수업을 하나 이상 들어야 하며, 주로 1학년 때 이 수업을 신청한다. 수학 교수들은 이들을 미래의 지원자로 생각하기 바란다. (일부 대학들은 매우 수학적인 "계량적 추론"을 선택하도록 과정을 개설한다.)

철저히 외면받는 기초 과정

앞서 살핀 바처럼, 만다린은 1학년 학생이 배워야 할 것들을 장황하게 늘어놓는다. 따라서 그들이 말하는 내용을 학교에서 가르쳐봤을 거로 생각할 수 있다. 하지만 현실은 다르다. 학과의 원로 교수가 이런 수업에 나서게 할 만한 실익이 없기 때문이다. 수많은 학생이 예비 과정이나 보충 과정을 들어야 하므로, 강의실은 늘 학생으로 넘쳐난다. 학생들이 자발적으로 신청하는 것도 아니고, 수학을 전공으로 선택하는 학생도 적지만 이러한 포화상태는 늘 지속한다. 신입생의 예비교육 과정을 위해 수학과에는 많은 예산이 배정된다. 수학과로 학생들을 끌어들이려고 노력하지 않아도, 이 예산은 마르지 않는다. 나아가, 예비 과정은 저렴한 비용으로 유지할 수 있다. 연봉이 적은 전임강사나 조교수가 강의를 맡기 때문이다. 그 결과, 재정의 상당 부분이 원로 교수를 초빙하는 데 쓰이고 원로 교수는 강의 부담을 덜 수 있다.

시간 강사를 활용하는 덕분에 정교수들은 썩 내키지 않는 기초 수업에서 해방된다. 미주리 대학교의 스테판 몽고메리 스미스는 1, 2학년 학생 수업이 자기 재능을 낭비하는 것이라고 공공연히 말한다. "우리가 신경 쓰고 싶지 않은 수업은 시간 강사나 조교에게 맡기면 됩니다." 그는 이렇게 설명했다. "1, 2학년들에게 대수학을 가르친다면, 지루해서 미쳐버릴 겁니다."[12] 이 말에서 만다린에게 학문의 자유란 어떤 의미인지를 짐작할 수 있다. 그들이 하기 싫고, 따분하게 느끼는 업무로부터 해방된다는 뜻일 뿐이다.

2012년, 미국수학회는 학사 과정 교육을 포괄적으로 다룬 보고서를 발간했다.[13] 이 보고서는 오리건주의 다트머스, UCLA, 린필드 칼리지에서부터, 버지니아주의 이스턴 메노나이트 대학교 등 다양한 4년제 대학을 조사했다. UCLA와 같은 대형 종합대학 안에 설치된 학부생 과정을 가리켜 종합대학 칼리지University College라 부르고, 린필드처럼 독립된 소규모 대학을 독립 칼리지independent college라 부르기로 하자. 이 두 시설에서는 누가 강의를 담당하고 있을까?

종합대학 칼리지의 예비 과정은 놀랍게도 클래스당 평균 수강 인원이 48명이다. 평균이 이런 수준이니, 절반 이상은 48명을 넘을 것이다. 수학처럼 의문을 바로 해결해야 하는 과목의 수업이 이런 식으로 진행되는 것은 바람직하지 않다. 독립 칼리지의 사정 또한 마찬가지로, 평균 수강 인원이 22명이다. 독립 칼리지에는 학부생만 있고, 친밀한 분위기를 자랑하는 학교 현실로 보아 22명은 적은 숫자가 아니다.

종합대학 칼리지에서는 학생의 10퍼센트만이 종신 교수나 승진을

앞둔 부교수에게 수업을 들었다. 이 10퍼센트조차도, 예비 과정은 조교
수가 담당했다. 나머지 90퍼센트는 시간 강사나, 대학원생에게 수업을
듣는다. 이러한 불균형을 보면, 교수들이 얼마나 예비 과정을 무시하는
지 알 수 있다.

독립 칼리지에서는 겨우 42퍼센트만 정교수의 강의를 듣는다. '42퍼
센트만'이라고 표현한 이유는 이 학교들이 학부생 교육 특화 기관이라
고 스스로 주장하기 때문이다. 이러한 칼리지조차 절반 이상의 수업에
시간 강사를 활용한다. 놀라움을 넘어 당혹스러운 결과다. 사람들은 으
레 소규모 대학이라면 학부생 교육에 더욱 신경을 쓰리라 기대하기 때
문이다.

정교수의 편의를 왜 그렇게까지 봐주는지 모르겠다. 칼리지는 연구
에 매진하는 것도 아니며, 어려운 과정을 가르쳐야 할 부담이 있는 것
도 아니다. 뉴욕 주립대학교의 포츠담 캠퍼스에서 일하는 클라렌스 스
테판에 따르면 전 미국의 수학 교육 과정에서 전공자 수업이 차지하는
비율은 1퍼센트 미만이다.[14] 점점 더 많은 칼리지가 종합대학을 닮아가
고 있다는 현실에 안타까울 따름이다.

학자들이 기초 과정을
가르치기 싫어하는 이유

교수는 연구하는 직업이다. 그들이 안식년을 가지며 가르치는 부담을

덜고, 논문을 준비하는 것도 그러한 이유에서다. 가르치는 것에 중점을 두는 소규모 칼리지에서도, 승진 심사에서 논문 발간 횟수를 고려한다. 물론, 많은 학자는 지식의 지평을 넓히는 데 책임감을 느낀다. 교수들은 학계의 일원으로서 자기 분야에서 일어나는 일에 뒤처지지 않으려는 생각도 있다. 하지만 오늘날 뜨거운 주제를 두고 교수들이 쓰는 논문은 손에 잡히지 않는 추상적인 이론이 수반되는 경우가 대부분이다.

이러한 현상은 특히 수학에서 두드러진다. 뉴욕 주립대학교 포츠담 캠퍼스 수학부가 작성한 성명서에 그 이유가 나와 있다.

> 교수의 두 가지 주요 활동은 연구와 강의다. 보통 이 두 가지 활동은 서로 보완한다. 하지만 수학에서는 서로 부정적인 영향을 주기 쉽다. 수학 연구 프로젝트가 다루는 정보는 학부생이 접근하기 어려운 경우가 태반이다.[15]

모든 학문 분야는 나름의 전문성을 띤다. 그렇더라도 인류학 교수는 중세 역사와 비교 문학에 아이디어를 제공할 수 있다. 하지만 수학은 수학자 사이에도 의사소통이 막히는 경우가 많다. 이러한 현상은 날이 갈수록 두드러진다.[16]

스탠퍼드 대학교의 케이스 데블린은 강의와 저술 양면에서 수학을 매우 쉽게 전파하려는 사람 중 하나다. 다른 수학자 대부분은 그의 비결을 쉽게 흉내 내지 못한다. 그러한 그조차도 요즘 수학은 "전문가도 이해하기 어려울 정도의 추상성에 근접했다"라고 말한다. 워릭 대학교의 이언 스튜어트도 같은 생각이다. 그 또한 일반인을 끌어들이는 데 탁월하지만 이렇게 단언한다. "고등 기하학이나 층 코호몰로지 cohomology of sheaves는 최소한 카오스 이론이나 프랙털 이론만큼이나 중요하다. 하지만 나는 이를 설명할 엄두조차 못 낸다."

〈단위 원에 관한 무작위 유사-직교다항식의 0수 배분Distribution of the zeros of random para-orthogonal polynomials on the unit circle〉에 정통한 교수들은 기초 과정 정도는 시간 강사들에게 맡겨야 한다고 생각한다. 이런 식으로 미국에는 시간 강사가 넘쳐 난다. 그러다 보니 만다린에게 예비 과정을 가르치라고 압박해봐야 별 소용이 없다. 교수들이 예비 과정을 강의하기 싫어하고 잡일로 취급한다면, 학생을 성심성의껏 대하기란 그른 일이다. '유사-직교다항식'에 빠져 있는 그들이 1학년 학생들에게 기초를 가르치고 싶을까?

프린스턴이 무대를 마련하다

나는 상아탑의 현실을 알기 위해 프린스턴 대학교 수학과를 선택했다. 프린스턴의 수학과는 미국 최고 수준으로 정평이 나 있고, 다른 대학교의 선망 대상이다. 하지만 나는 프린스턴의 학부생이 어떤 교육을 받는지에만 초점을 맞출 생각이다. 프린스턴에서 수학을 전공으로 선택하는 학생은 칼리지 클래스마다 35~40명 정도다. 이는 프린스턴 전체 학생의 3퍼센트 미만으로, 프린스턴 수학부의 명성을 감안하면 보잘

것없는 수치다. 심리학을 선택하는 학생들은 매년 75명이며, 정치학부도 100명이 넘어간다. 프린스턴 학생들의 4분의 3은 SAT의 수학 점수가 상위 10퍼센트 안에 들어간다. 고등학교에서 수학을 정말 잘했다는 이야기다. 그렇다면 왜 수학을 전공하는 학생이 이처럼 적은 걸까?

대부분의 1, 2학년 학생이 수학 예비 과정을 들으면서 어떤 상황을 만나는지 살펴보자. 학교 측에서는 2013년 봄학기에 기초 과정과 중급 과정을 41개 코스와 섹션으로 나누어 제공했다. 이 41개 코스 중에 교수가 가르친 수업은 5개에 불과했다. 게다가 5개 중 4개는 종신 재직권이 없는 조교수가 가르쳤다. 정교수가 가르친 수업은 딱 하나뿐이었다. 하지만 이조차 수학을 전공으로 선택하려는 학생들에게 마련된 명예 수업이었다. 해당 학기의 90퍼센트를 차지한 36개 수업은 비정규직 시간 강사에게 맡겨졌다.

예비 수업을 맡는 원로 교수가 1명이라는 사실은 총 25명의 원로 교수 중에 24명이 신입생을 상대하지 않는다는 의미다. 대부분 정교수는 풋내기 학생들을 가르치는 데 시간을 낭비하고 싶지 않은 것이다. 이러한 사실을 학부생들이 안다면 어떤 기분이 들까? 실제로 수학을 전공할 생각이 있다가도 교수들에게 정나미가 떨어지고 말 것이다.

고매한 학식을 지닌 만다린은 미래의 후학을 불러 모으는 일을 해야 한다. 하지만 2013년에는 전국에서 겨우 730명이 수학 박사학위를 취득했다.[17] 아주 당황스러운, 적나라한 수치다. 매년 몇백만 명의 학생이 한 개 이상의 수학 수업을 듣고 있다. 학생들에게 무관심하고 무시하기 때문에 수학과는 혁신하지 않는 것이다.

수학자에게 커리큘럼 개발을
맡기지 마라

2012년 초, 대통령과학기술자문위원회는 〈앞서나갈 방법Engage to Excel〉이라는 제목의 보고서를 버락 오바마 대통령에게 제출했다. 보고서는 과학, 기술, 공학, 수학에 종사하는 인력이 줄어드는 현실을 우려하며, 더 많은 학생을 STEM으로 끌어들이는 것을 목표로 논리를 전개했다. 실제로 처음에는 STEM 분야에 관심을 보이는 학생이 많다. 하지만 위원회가 경고한 것처럼, STEM을 전공으로 선택해 최종적으로 학위를 따는 비율은 40퍼센트 미만이다.[18] 미국 교육부의 연구 결과, 공학 과정을 밟는 학생 중에 41퍼센트가 중도 포기하거나 다른 학과로 전과한다. 물리학과 화학은 이보다 더한 46퍼센트다. 컴퓨터 과학에서는 무려 59퍼센트가 중도 탈락한다. 이 수치는 고등학교의 낙제 비율보다 높지만, 별 관심을 끌지 못하고 있다.

보고서에 담긴 제안의 의도는 순수해 보였다. 과학, 기술, 공학에 필요한 수학 교육을 개선하려면, "별도의 수학개발 교육 과정에 특화된 교수들을 영입해야 한다"는 것이 보고서의 취지였다. 예컨대, 통계, 공학, 컴퓨터 과학부 교수들은 그들 분야에서 필요한 수학을 가르칠 수 있다. 그들도 자기 분야에 필요한 대수학은 아는 것이다.

하지만 대통령의 조언자들이 만다린의 눈치를 보지 않은 게 화근이었다. 미국수학회의 발표를 보며, 수학자들은 이내 "실망감을 쏟아냈다".[19] 코넬 대학교 교수이자, 수학회의 교육위원회 위원장을 맡았던 타라 홈은 보고서의 내용을 두고 "터무니없다"고 표현했다. 다른 동료와 마찬가지로 그녀는 예비 과정이나 직업 과정을 가리지 않고 저명한 수학 교수들이 수학을 가르쳐야 한다고 주장한다. 마치 의사가 간호사를 믿지 못하고 가벼운 상처를 직접 꿰매려는 것과 마찬가지다.

오바마의 자문위원들은 STEM의 'T'가 기술적 능력을 통칭한다고 깨달았다. 자기 영상 장치 작동에서부터 난방 시스템 설치에 이르기까지 다양한 기술을 아우르며, 보통 이러한 기술은 커뮤니티 칼리지에서 가르친다. 학생들에게 계량적 훈련이 필요한 이상, 각 분야에 정통한 스승에게 배우는 편이 바람직하다. 수학자에게 이들의 교육을 맡기는 것은 실패의 지름길이다. 하지만 만다린은 자신들의 허락을 받지 못했다면 그 누구도 '진정한' 수학을 가르칠 수 없다고 주장한다.

만다린이 인정하는 사람만이 '진짜' 수학을 가르칠 수 있다는 것이다. 여기에서 그들이 말하는 진짜 수학이란, 오직 만다린이 구상하고 추구하는 수학을 의미한다. 모든 단계의 교육 과정을 쥐락펴락하겠다는 주장을 보면, 중대한 국가적 과제를 해결하려는 노력에 그들의 이념과 자아가 얼마나 부정적인 영향을 미치는지 알 수 있다.

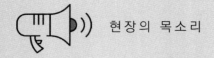

대학들은 수학 실력이 전공과 아무 관계가 없더라도, 수학 실력에 따라 학생을 의도적으로 걸러냅니다.[20] 그들에게 고등수학이 필요한 이유는 따라오지 못하는 학생을 만들어내야 하기 때문입니다.

나는 우리 학교 교수님께 1학년 학생들이 수학 때문에 낙제하는 현실을 말씀드렸습니다. 교수님은 수학 과정의 목적을 다시 한번 확인해 주시더군요. '열등한' 학생을 솎아내기 위해서라고요.

수학과는 다른 방향의 노력이 알게 모르게 무시당하고 있다. 수백만 명의 청소년이 꿈을 접어야 하는 사회가 된 것이다.

생활 체육에 소질이 없는 청소년들과 비교해보자. 그들이 농구를 마스터하거나 최고의 선수가 되기 전까지 학위를 주지 않는 것과 무엇이 다를까?

현 체계를 옹호하는 사람들은 학생을 시험하기 좋다는 이유로 수학에 우호적이다. 예비 시험, 주 시험, 연방 시험, 세계 올림피아드 등 시험의 종류는 다양하다.[21]

여러 단계의 과정을 밟은 사람이 많은 사람이 따라야 할 규칙을 세운다. 그들은 수학이 모든 사람에게 필요하고, 더 많이 배울수록 좋다고 생각한다.

여기 시애틀에서 공학자와 기술자들은 추상적인 수학적 사고에 익숙하지 않은 사람들을 무시한다. 그들은 자신의 협소한 인생 경험과 관련 없는 것에 대해선 인정하려 들지 않는다.

이항식의 곱셈 연산을 모른다는 이유로 젊은이의 미래가 매장당하는 현실이 과연 옳은 걸까?

누가 **커먼 코어**를 **지지**하는가

8장

　"지금 시각이 오전 11시 35분입니다. 프랑스의 열네 살 학생은 모두 워털루 전투에 관한 시험에 열중하고 있을 시간이네요." 프랑스 교육부를 방문한 어떤 사람이 사회자로부터 이런 말을 듣는다.

　미국 또한 이와 비슷한 현실이다.

　지금 이 순간에도 최소한 40개 이상의 주에 속한 공립학교 학생들은 똑같은 영어 시험과 수학 시험을 치러야 한다. 연방 차원의 시스템에서 마련한 커먼 코어(공통핵심기준)라는 시험이다. 커먼 코어는 제안 단계나 시범 사업 단계를 넘어섰다. 커먼 코어가 말하는 '표준'은 미국의 교육 역사상 가장 급진적인 움직임으로 확고히 자리 잡은 지 오래다. 또한 이 표준은 학교 현장보다 더욱 큰 영향력을 행사할 것으로 예상한다. 이러한 표준 및 표준이 반영된 시험은 이 사회를 완전히 바꿔놓을 요량이다.

커먼 코어의 핵심은 수학 시험인데, 이는 학생들의 앞날에 놓인 유례없는 장애물이다. 그러다 보니 이러한 엄청난 기획이 어디에서 비롯되었고, 어떻게 받아들여졌는지를 파악할 필요가 있다. 이게 전부가 아니다. 커먼 코어가 영어와 수학을 우선하다 보니(과학 및 사회과학은 영어와 수학만큼 대접받지 못한다) 고용주가 필요로 하는 기술과 역량으로 교육의 개념을 몰아가는 결과를 낳는다. 혁신을 표방한 시험 체계는 커먼 코어 하나로 국한되지 않는다. 학생을 평가하는 다른 시험도 많이 생겨났다.

의심스러운 출발

커먼 코어가 어떻게 자리 잡게 되었는가는 미스터리다. 확실한 것은 주나 연방 차원의 입법기관이나 교육위원회에서는 전혀 논의한 바가 없다는 사실이다. 실제로 커먼 코어는 아무런 공적 논의를 거치지 않고 출범했다. 미국 학생 전체가 획일적인 교육 과정을 이수해야 하는 문제보다 오히려 안락사 이슈가 더욱 활발히 논의된 것이 사실이다.

커먼 코어의 기본 발상은 아카이브 주식회사라는 소규모 비즈니스 그룹에서 비롯되었다. 2004년 이 그룹은 〈준비되었는가: 괜찮은 고등학교 졸업장 만들기Ready or Not: Creating a High School Diploma That Counts〉라는 제목의 보고서를 발간했다. 아카이브의 주요 설립자는 IBM, 인텔, 푸르덴셜 증권과 같은 첨단 기업 및 금융 회사들이었다. 이들의 목적은 고등학생을 기업 현장에 필요한 인력으로 육성하기 위해 고등학교 교육 과정을 재편하는 일이었다. 처음부터 확실하게 드러나지는 않았어도, 커먼 코어의 핵심에는 수학이 있었다(아카이브는 예술, 인문학, 역사학 육성에는 아무런 관심이 없었다). 이들이 2008년에 〈수학은 유용하다Math Works〉라는 제목으로 발간한 두 번째 보고서는 우선순위를 명확히 밝히고 있다. 이 보고서에는 다음과 같은 문구가 있다.[1] "모든 학생에게 고등수학이 필요하다." "고등수학을 배우는 것은 취업 준비를 하는 것과 같다." "미국이 국제 경쟁력을 유지하려면 고등수학이 필요하다." 아카이브는 이러한 주장을 뒷받침하기 위해 "모든 신규 직종의 62퍼센트는 대수학이 필요하다"라는 거짓 통계(1장과 3장에서 언급했다)를 활용했다.

그런데 문제가 드러나기 시작했다. 아카이브는 대기업들과 함께 비영리단체인 전미주지사협회National Governors Association와 연합 전선을 구축했다. 아주 돋보이는 행보였다. 어느새 50개 주의 최고 책임자들이 수학 교육과 기술 인력 육성에 바탕을 둔 교육을 지지하기 시작했다. 효과는 있었다. 대학 수뇌부는 커먼 코어를 뒷받침하는 행보를 시작하면서 이 프로그램이 "주지사의 요청에 따라"[2] 마련되었다고 말했다. 하지만 이는 사실과 달랐다. 주지사들은 개인 자격으로도, 단체의 이름으로도 아무런 요청을 하지 않았다.

그리고 전미주지사협의회가 사실상 실체가 없는 조직이라는 사실을 사람들은 잘 모른다. 빈약한 어젠다를 내세울 뿐, 하는 일은 별로 없다. 2014년 회합에서는 50명의 주지사 중에 절반을 겨우 넘는 29명만이 참석했다. 정당정치 시대에는, 끼리끼리 모이고 논의하는 민주당 주지사협회나 공화당 주지사협회가 중요하게 생각될 따름이다. 아무튼, 전미주지사협회는 관심을 받고 싶어서인지 아카이브와의 공동협약에 서명했다. 이후 서둘러 커먼 코어를 밀어붙이기 시작했으나, 50명의 주지사에게 커먼 코어 초안을 보여주고 허가나 의견을 구했다는 기록은 찾아보기 어렵다.

엄격한 표준화로 이룬
전국 일제고사 체계

우연히도 이 시기에 전미교육감협의회Council of Chief State School Officers 라 불리는 이름 없는 조직이 나름의 프로젝트를 진행하고 있었다. 이 그룹의 구성원은 다양하다. 주 교육위원도 위원으로 참가하지만, 대부분은 교사에서 시작해 교육행정 공무원으로 올라간 교육자들이다. 스스로 전문가라 생각하는 그들은 위원회를 통해 다른 주의 동료들과 협업했다.

2007년에 위원들은 문제점 하나를 인지한다. 몇 년간, 각 주는 학생이 특정 과목에 '우수한지'를 판단하기 위해 '졸업' 또는 '과정 이수' 시험을 활용했다. 하지만 시험의 내용과 채점 방식은 주마다 천차만별이었다. 예컨대 2011년에는 아이다호주 학생의 91퍼센트가 수학에서 '숙달'을 기록했다. 미시시피주는 85퍼센트였고, 네바다주는 54퍼센트, 미네소타주는 58퍼센트였다.[3] 하지만 이러한 결과만으로는 학생들의 진정한 실력을 객관적으로 가늠할 수 없었다. 또한 지역별 편차는 교육 전문가가 보기에도 당황스러운 수준이었다. 그래서 위원들은 시험 형식과 채점 방법의 통일을 논의하기 시작했다. 그들은 이 일을 정치 안건과는 무관한 교육행정을 위한 과업으로 생각했다. 실제로 그중 주지사나 의회 의원과 접촉한 이들이 몇 명인조차 불분명하다.

커먼 코어를 밀어붙였던 데에는 일관된 통계 제공이라는 단순한 목적이 있었다. 각 주와 학교, 학생들의 서열을 확실히 매기고 비교할 수 있어야 한다. 처음에는 특별한 교과과정이나 수업계획이 없었고, 무엇을 가르쳐야 하는지 그 기준조차 불분명했다. 하버드 대학교의 에드워드 글레이저의 말마따나 '전국 일제고사'를 기획한 것이다.[4]

이에 미국의 모든 고3 학생들은 같은 기하학 시험을 치러야 하고, 획일적인 채점 기준에 따라 점수가 매겨진다. 이 시험을 기획한 주최 측의 표현을 빌리자면, 주관적 판단을 배제하기 위해 "규준 지향적norm referenced"[5]으로 점수를 매겨야 한다. 교사들의 주관에 따라 성적이 달라지므로, 획일적인 시험을 도입하면 서배너의 학생과 시애틀의 학생을 똑같은 교실에 있는 것처럼 비교할 수 있다는 생각이었다.

전국 일제고사는 행정 인력이 기획했지만, 미국에서는 선출직 지방공무원이 교육 업무를 관장한다. 따라서 획일적인 교육을 경계하기 마련이다. 따라서 전국적 차원의 시스템을 구축하려면 엄청난 동력이 필요하다. 커먼 코어를 추진하기 위해 전미교육감협의회가 아카이브 및 전미주지사협회와 협업한 이유를 여기에서 찾을 수 있다. 그들은 강력한 3자 협력 체제를 구축했고, 각 당사자는 기업 로비, 행정 위원회, 선출직 관료 협의회의 세 축을 담당했다.

마침내, 커먼 코어는 초중고 전 학년을 아우르는 교육 과정으로 진화하며, 교사가 가르칠 내용과 학생들이 배울 내용을 제공했다. 여전히 유지되는 '통과' 시험은 전국적으로 시행되었다. 고3 학생들은 고등학교를 졸업하기 위해 엄격히 표준화된 시험을 통과해야 한다.

데이비드 콜먼이라는 교육 컨설턴트가 있다. 그는 학생성과연합 Student Achievement Partners이라는 단체를 설립했다. 그의 팀은 적극적으로 모든 표준을 문서화했고, 그 과정에서 단체의 이름이 널리 알려졌다. 예일대를 졸업한 콜먼은 에드먼드 스펜서에 관한 학위 논문을 썼고, 자신을 휴머니스트로 내세운다.[6] 하지만 그는 커먼 코어의 근간인 표준화된 교육과 시험의 예찬론자가 된 지 오래다. 풍유적인 시문학을 버리고, 지금은 '작문 소재', '설명문', '즉흥성', '서술식 답변' 같은 데 빠져 있다.

당시 커먼 코어 연합군에 마지막 회원이 합류했다. 바로 빌&멀린다 게이츠재단이다. 이 재단은 커먼 코어 후원자에게 3,500만 불을 흔쾌히 쾌척하며 그들의 기를 살려주었다. 이후 전체 지원액은 2억 불까지 늘어났다. 이러한 자금 지원에 힘입어 커먼 코어는 2010년도에 처음으로 선을 보인다. 하지만 커먼 코어가 가장 먼저 시도한 것은 교사들에게 새로운 교재를 배포하는 일이었다. 계산해 보니, 이 교재들은 1,386개의 새로운 '표준'을 담고 있었다. 2015년 봄, 드디어 커먼 코어 체제에 참가한 모든 주가 똑같은 영어와 수학 시험을 시행했다.

연방정부는 커먼 코어를 두고 처음부터 양면적이었다. 교육부 장관 안 던컨은 커먼 코어의 표준을 부인하려 했다. 그는 이렇게 말했다. "연방정부는 커먼 코어의 표준 작성에 개입한 적이 없고, 승인한 적도 없으며, 지시한 적도 없다. 이와 다르게 말하는 사람이 있다면, 뭘 잘못 알고 있거나 고의로 오도하는 것이다."[7] 다른 한편으로, 던컨의 교육부는, 비록 정식 명령은 아니지만, 각 주에서 오바마의 교육 정책 '최고를 향한 발걸음Race to the Top'의 후원금을 수령하려면 이 표준을 받아들이라고 함으로써, 마치 연방정부의 인정을 받은 프로그램인 것처럼 시사했다.

나아가, 교육부는 3억 6천만 불의 재원을 마련해 연방 차원의 일제 고사를 마련했다. 이 시험을 통해 학생이 커먼 코어의 교육 과정을 얼마나 충실히 습득했는지 측정할 수 있다. 던컨이 부인한 내용 중에 연방정부가 표준 작성에 개입하지 않았다는 주장만이 사실인 것 같다(연방정부뿐 아니라, 각 주나 학군 단위에서도 이러한 표준 작성에 관여하지 않았다). 결국 던컨은 커먼 코어 전파의 선두 주자가 되고 말았다. 특히 기업 CEO에게 적극적인 후원을 촉구했는데, 그는 이런 주장을 하기도 했다.

> 캘리포니아의 캠프 펜들턴에서 노스캐롤라이나의 캠프 르준으로 발령 난 해군 장교의 아이가 전학 후에도 무리 없이 학교생활에 적응할 수 있어야 합니다.[8]

입시 지향 또는 경력 지향

커먼 코어의 목적은 15년 전 조지 부시 행정부가 시행한 "낙제학생

방지No Child Left Behind"프로그램에 더욱 가까운 편이다. (2014년까지 미국의 모든 학생이 모든 과목에서 '숙달' 성적을 받도록 하는 것이 프로그램의 목적이었다. 물론, 이 목표는 실패했다.) 커먼 코어는 직업 현장을 염두에 둔 더욱 구체적인 목표를 표방했다. 모든 학생이 '입시 지향', '경력 지향' 태세를 유지해야 한다는 것이다.

'입시 지향College ready'은 비교적 이해하기 쉽다. 말하자면 학업을 계속하고 싶은 학생은 대학교가 세우는 입학 기준을 넘기 위해 준비해야 하며, 그들이 제공하는 교육 과정을 소화할 수 있어야 한다는 이야기다. 대부분 대학이 지원자에게 ACT나 SAT 점수를 요구하기에, 학생들은 이러한 시험에서 요청하는 3년 수학 과정을 공부하는 것이 바람직하다(물론, 아이비리그에서 요구하는 성적을 받으려면 4년을 공부해야 할 수도 있다). 커먼 코어는 대학의 기대 수준을 두고 왈가왈부하지 않는다. 입학사정관이 3년간 고등수학 공부가 필요하다고 생각한다면, 커먼 코어는 아무런 이의를 제기하지 않을 것이다.

'입시 지향'이라는 말은 고등학교를 졸업하고 학사 학위를 따려는 학생에게 어울린다. 하지만 모든 학생이 이 길을 선택하진 않는다. 고3 학생 중에 상당수는 고등학교를 졸업하고 취업 전선으로 뛰어들며, 직장을 갖기에 부족하지 않을 정도는 되었다고 생각한다(남학생 비율이 현저히 높다). 이들을 대상으로, 커먼 코어는 또 다른 교묘한 용어를 준비한다. '경력 지향Career ready'이라는 말로 커먼 코어의 교육 과정이 취업 준비생에게도 똑같이 도움이 된다는 논리를 내세우는 것이다. 가벼운 주장이 아니기에, 사실로 뒷받침되지 않으면 이러한 주장을 해서는 곤란하다. 하지만 직접 1,386개의 표준을 관찰한 결과, 직업 준비에 도움이 된다고 생각할 만한 그 어떤 요소도 찾지 못했다. 실제로 커먼 코어를 만든 사람이나 후원한 사람이나, 직업 교육을 지원하기는커녕 아예 언급조차 하지 않는다. 상황이 아주 복잡해진다. 예컨대 뉴욕시에는 항공 고등학교High School of Aviation Trades가 있다. 하지만 커먼 코어는 이러한 학교가 안중에도 없다.

표준과 관련한 '경력 지향'이란 어떤 의미일까? '경력'을 어떻게 쓰느냐에 따라 다르다. 이 말을 변호사나 의사와 같은 전통적인 직업으로 한정할 필요는 없다. 미국 성인의 3분의 2가 대학에 진학하지 않는다. 하지만 그들은 이 사회의 상당 부분을 차지하며 중요한 책임을 지고 있다. 그들은 페덱스나 UPS에 취직할 수 있고, STEM 분야에 핵심 기술 지원 인력이나 승무원, 슈퍼마켓 관리인으로 일할 수도 있다. 최근에는 경비 업무나 건설, 유전 개발 분야 간에 인력이 이동하는 사례도 많다.

학술을 강조하는 커먼 코어는 앞으로 생겨날 모든 경력(직업)에 커먼 코어가 요구하는 지적 능력이 필요할 거로 넘겨짚는다. 그래서 모든 주, 모든 학교는 대학 진학과 무관하게 같은 커리큘럼을 공부하고 같은 시험을 봐야 한다는 것이다. 한 마디로, 커먼 코어는 '입시 지향'과 '경력 지향'을 같은 것으로 본다. 뉴욕시 장학사 켄 와그너는 확실히 이러한 입장이다. 그는 나에게 이렇게 말했다. "입시 실력과 취업 실력은 차이가 없습니다."[9] 커먼 코어를 최초로 설계한 아카이브 주식회사는 이렇게 주장했다. "모든 고교생은 비슷비슷하게 준비해야 한다. 4년제 대학을 지망하는 학생들, 2년제 대학을 지망하는 학생들, 취업 전선에 뛰어드는 학생 모두에게 해당한다."[10] 이런 막강한 공통분모를 따르다 보니, 경비원이 되고 싶은 학생도, 칼테크에 들어가고 싶은 학생도, 커먼코어의 표준에 따라 똑같이 파스칼의 삼각형과 피타고라스의 원리를 공부해야 한다.[11] 가령 이런 문제들이다.

- 지수함수를 해석하기 위해 지수의 성질을 활용하라. 예컨대, $y=(1.02)^t$, $y=(0.97)^t$, $y=(1.01)^{12t}$, $y=(1.2)^{t/10}$와 같은 함수의 변화율을 확인하고, 지수 성장 또는 지수 감소로 분류하라.

- 다항식을 증명하고, 다항식을 활용해 수리적 관계를 증명하라. 예컨대, 다항식 $(x^2+y^2)^2 = (x^2-y^2)^2 + (2xy)^2$으로 피타고라스의 정리를 유도할 수 있다.

- 이항정리를 활용해 $(x+y)^n$을 전개하라. 여기서 N은 양의 정수이며, x와 y는 어떤 숫자여도 무방하다. 파스칼의 삼각형으로 x와 y의 상관관계를 결정할 수 있다.

과거에는 당당히 계층을 갈라 중산층 학생은 공부를 시키고, 하층민 학생은 직업 교육을 시켰다.[12] 뉴욕시에는 제과 전문 고등학교, 인쇄 전문 고등학교, 의류 전문 고등학교가 있었다. 브루클린의 한 고등학교는 학교명을 수공 전문 고등학교로 자랑스레 내세웠다. 실제로 이러한 고등학교들은 이 사회의 단면을 차지한 블루칼라의 삶을 준비하는 현장이었다. 하지만 1960년대 이후, 이러한 전문 고등학교들을 운영하는 것이 비민주적이라는 분위기가 피어올랐다. 이 학교에 진학한 학생의 인생을 그저 제빵사, 인쇄공, 수공업자로 규정해버리면 안 된다는 주장에 많은 사람이 공감했다.

비민주적인 것 말고도, 이러한 학교를 운영하다 보면 학생들의 잠재력이 사장되는 결과를 초래할 수 있다. 물론 제빵사도 훌륭한 직업이지만, 오븐을 다루는 여학생이 천문학에 천재적인 소질을 보일 수도 있기 때문이다. 하지만 어린 나이부터 직업 교육만 받는다면 이러한 소질을 발굴하기 어려울 것이다. 그러다 보니 졸업 후에 더 많은 기회를 갖도록, 모든 학생에게 고등 기하학과 고등 대수학을 가르쳐야 한다는 의견이 분분했다. 커먼 코어는 이와 같은 분위기에 힘입어 전국 공통 체제를 효과적으로 시행했다.

그러나 실제로는 수학이 계층을 갈라내고 있다. 9학년 학생 중에 5분의 1이 졸업장 없이 고등학교를 떠나고 있다. 가장 주된 학업상 이유는 수학에서 낙제하기 때문이다. 이 학생들은 평생 낙인을 갖고 살아가는 셈이다. 고등학교 졸업장이라는 기초 자격증 없이 이 사회를 살아가야 한다. 물론, 고등학생이라면 고등학교 졸업장을 따는 것이 당연하다. 하지만 무엇이 합리적인 졸업 요건인지, 모든 학생의 필수 교육 과정은 어떤 것이 되어야 하는지 숙고할 필요가 있다.

대학 지망생과 취업 희망생을 통으로 취급하는 것에는 또 다른 의미가 있다. 피타고라스와 파스칼을 정복하지 못하는 학생은 고교 졸업장도 따지 못한다는 것이다. 하지만 고교 졸업장은 대학에 가지 않는 학생이 사회경력을 쌓기 위해선 꼭 필요한 자격증이다.

대학 입학용이 아닌
대안을 생각할 때다

매사추세츠주는 학생의 성적이 가장 우수한 편에 속한다. 하지만 매사추세츠주의 장학사 미첼 체스터는 이렇게 말한다. "우리의 교육 체계는 모든 학생에게 입시 지향 교육을 제공할 준비가 되어 있지 않습니다. 그러한 기준을 충족하지 못한 학생에게 불이익을 주고 싶지 않습니다."[13]

몬태나주의 한 고등학교에서 수학과 과학을 가르치는 클리프 배라는 이렇게 예상한다. "우리 주의 모든 아이가 '대수학2'를 이수해야 한다고 강요하는 것은 재앙이나 다름없습니다."[14] 플로리다주 상원 의원 애런 빈은 "모든 학생에게 고등수학을 강제하는 것은 낙제율만 높이는 결과를 초래할 것"[15]이라고 말한다.

앤서니 카르네발은 이렇게 요약한다. 커먼 코어가 정말로 취업 준비생을 배려한다고 하려면, 모든 학생에게 "하버드 입학용 수학"을 강요하지 말고 "난방 기술을 위한 수학, 환기구 기술을 위한 수학, 냉방 기술을 위한 수학"을 제공해야 한다고 말이다.[16]

커먼 코어를 활용하지 않는 텍사스주는 커먼 코어의 대안으로 몇 가지 수료 기준을 인정한다. 플로리다주는 커먼 코어를 도입했지만, 텍사스주와 같은 대안을 활용하고 있다. 2013년 입안한 플로리다의 "다방면 진로"[17] 법안을 보면, 학생들은 "학술 지정"과 "평점 지정"을 선택할 수 있다. 후자를 선택한 학생들은 고등학교를 졸업하기 위해 고등수학을 이수할 필요가 없다. 텍사스는 '빼어남', '우수함', '평범함'의 세 가지 수료 기준을 두고 있다.[18] 텍사스주의 공립 고등학교 학생 5분의 1가량이 마지막 기준인 '평범함'을 받는다. 일반적인 기준에 따르면 낙제에 해당하는 성적이다. 하지만 텍사스주는 이처럼 독자적인 기준을 운영해 그 학생들에게 졸업장을 수여한다.

이 수료 기준의 주목표는 모든 고등학생에게 졸업장을 수여하는 일이다. 물론 이 기준을 따르려면 너그럽게 넘어가야 할 것이 있다. 하지만 합리적인 관점에서 판단하면, 모든 학생에게 획일적인 정책을 강요하는 것보다는 낫다. 주요 과목에 그런 정책을 강제한다면 수많은 학생이 졸업장을 받지 못하게 된다. 더욱 진화한 교육 체계라면 개인의 취향과 적성에 따라 다양한 기회를 부여하고 맞춤형 장려 정책을 펼쳐야 한다.

졸업의 기준을 어느 정도로 세우느냐에 따라 많은 것이 달라진다. 텍사스주와 플로리다주는 커먼 코어에 따른 초등학생의 성적 평가 기준을 어느 수준으로 설정할지 고민했다. 2011년, 켄터키주에서는 60퍼센트의 학생이 수학을 낙제했다. 2년 후, 뉴욕주에서는 무려 69퍼센트의 낙제율을 기록했다. 이렇게 높은 낙제율은 무엇을 의미할까? 모든 계층의 자녀가 수학에서 낙제한다는 현실을 대변한다.

여기에서, 초반에 언급한 내용을 반복해야겠다. 촌이나 도시 하층민의 자녀뿐 아니라, 대도시나 교외의 유복한 집 자녀도 고등수학의 벽에 부딪힌다. 전문직 종사자도 자녀의 수학 성적을 한탄하며 나에게 편지를 보낸다. 그들의 자녀가 부적응자나 열등생인 것도 아니다. 그들은 다른 분야에서는 우수한 성적을 보인다. 하지만 커먼 코어가 삼각법, 미적분, 고등수학을 강요하는 탓에, 수학에 소질이 없는 학생들은 극심한 스트레스와 함께 까다로운 장애물을 통과해야 한다. 마치 고등학교 졸업 요건으로 모든 학생에게 클라리넷 협주곡 연주를 강제하는 것이나 마찬가지다.

인가받은 사립학교는 자발적으로 선택하지 않는 이상 커먼 코어와 일제고사를 도입하지 않아도 무방하다. 일부 학교는 커먼 코어가 지나치게 엄격하다는 이유로 배제하지만, 이러한 실태는 잘 논의되지 않는다. 오하이오주 클리블랜드의 호켄 스쿨은 통합 교과적 프로그램을 자랑거리로 내세운다.[19] 예컨대 이 학교는 경제학, 역사, 문학을 융합한 교과과정을 운영한다. 그들은 커먼 코어로는 이런 과정을 만들 수 없다고 주장한다. 하지만 모두가 비싼 사립학교를 다닐 수 있는 것은 아니기에, 이러한 대안을 누리는 학생은 극히 일부로 제한된다. (커먼 코어의 옹호자 중에서 커먼 코어를 채택하는 학교에 자녀를 보내는 사람은 얼마나 될까?)

커먼 코어를 지지하는
이유가 궁금하다

커먼 코어를 시행하게 된 정치적 배경은 복잡하다. 오바마 대통령은 확실히 커먼 코어를 지지했으나, 무거운 짐은 교육부 장관 던컨에게 맡겨놓았다. 하지만 민주당의 선출직 관료와 열성 민주당 인사 중에 공개적으로 이 프로젝트를 지지하는 사람은 찾기 어렵다. 교원 노조는 공식 반대는 아니지만, 위험요소가 큰 평가 체계에 대해 매우 비판적인 입장이다.

하지만 보수 진영 쪽 입장도 일관되지는 않아 보인다. 방송인 글렌 백은 커먼 코어를 "극좌식 주입 교육"으로 파악한다. 공화당전국위원회도 한몫 거들며 "아이들 교육을 통제하고 표준화하기 위해 과도하게 개입하는 것"이라 말했다. 아직 막강한 영향력을 자랑하는 상원의원 테드 크루즈, 랜드 폴, 마르코 루비오도 하나같이 반대한다. 진보이성재단Libertarian Reason Foundation은 이를 "컴퓨터 회사를 위한 식민지적 자본주의"[20]라고 표현했다. 특히 피어슨이나 마이크로소프트는 커먼 코어의 핵심에 놓인 소프트웨어와 관련해 유리한 위치를 점하고 있기에 더욱 그런 말이 나온다.

하지만 맨해튼연구소와 포드햄연구소의 학자들은 커먼 코어를 "더욱 엄격하고, 콘텐츠도 풍부하고, 초중고 과정에 딱 맞는"[21] 유망한 체계라고 칭찬했다. 기업 CEO 또한 같은 입장이며, 특히 공학 쪽 의존도가 높을수록 이러한 견해를 밝힌다.

비즈니스계의 보수 인사들은 커먼 코어를 학교에서 시행하는 직업 훈련 수단으로 생각한다. 학교에서 이러한 교육을 담당한다면 신입 직원에게 별도의 교육을 시행할 필요가 없을 것이다. 젭 부시는 소속 당의 기업 쪽 계파를 위해 적극 목소리를 내고 있다. 그는 높은 낙제율에 연연하지 않는다. 미국 교육의 '안타까운 현실ugly truth'[22]을 폭로하고, 더 높은 기준을 충족하기 위한 "고통스러운 조율 과정"이라고 강조하면 그만이기 때문이다.

젭 부시가 이러한 입장인 이유는 또 있다. 플로리다 주지사로 재임할 무렵, 그는 올란도 고등학교를 방문했다. 루아나 마르케스라는 여학생이 그에게 이런 질문을 던진다. "세 변의 길이가 3-4-5인 삼각형의 세 각이 얼마인가요?" 여학생은 그가 이 문제를 풀 수 있는지 궁금했다. 이런 유형의 문제는 14만 명의 고등학생이 풀어야 하는 전국 일제고사에 단골로 출제된다. "못 풀겠습니다." 주지사는 이렇게 고백했다. "두 각은 125°, 90° 같은데, 나머지 각은 180°에서 빼야 하지 않을까요?"[23]

젭 부시가 십 대 시절에 이런 한심한 답을 했다면, 그는 고등학교 졸업장을 따지 못했을 것이다. 자신이 지원하고 서명한 기준을 따르더라도 마찬가지다. 실제로 성인 100명 가운데 3명이 마르케스의 질문에 답하지 못했다(보기보다 쉽지 않다). 커먼 코어의 옹호자들은 삼각형 공부가 미국 학생에게 많이 부족한 두뇌 능력을 향상하게 할 거로 생각한다. 그래서 STEM에 집중된 성적 기준은 날로 높아지고, 문학에는 별 관심을 두지 않는다. 에밀리 디킨슨을 연구해 지적 능력을 향상할 수 있다는 주장은 아무 관심을 끌지 못하고 있다.

칼리지보드를 이끄는 데이비드 콜먼은 SAT와 커먼 코어를 융합해 문턱을 두 배로 높이려 한다. 〈교육 주간Education Week〉에서 그는 모든 학생에게 수학 공부를 시키는 것이 목표라고 말했다.[24] 그가 생각하는 수학이란 STEM 분야의 직업을 추구하고, STEM 분야를 연구하기 위한 수단이다. 하지만 그는 대다수 학생이 STEM과 관계없는 진로를 택하는 현실을 무시하고 있다. 커먼 코어의 '모두에게 하나의 기준을one-size-for-all' 방침은 인생에 별로 쓰이지도 않는 수학의 굴레를 지나치게 강요하는 탓에 어린 학생들의 앞길을 막는다.

같은 **문제**, 다른 **관점** 9장

17세기 유럽에서는 30년 전쟁이 벌어졌다. 1618~48년 사이에 유럽 대륙이 겪은 이 전쟁은 난해한 교리를 두고 천주교와 개신교 사이에 벌어진 전쟁이었다. 미국의 "수학 전쟁"도 그에 못지않았다. 엄청나게 치열한 전쟁이 약 30년에 걸쳐 벌어졌다. 몇십 년이 지나도 팽팽한 전선은 어디로도 기울지 않았다. 내 서류 뭉치 밑에서 찾은 글에는 이런 글귀가 있다. "수학은 게임과 같이 흥미로워지고 있다."[1] 1997년, 〈타임〉에 나온 내용이다. 하지만 이와 동시에 다음과 같은 의문도 제기한다. "아이들이 정말 뭔가를 배우고 있긴 한 걸까?" 〈뉴스위크〉는 두 진영의 가르치는 방식을 다음 쪽에 나오는 문제와 같이 비교한다.[2]

두 문제 모두 간단해 보인다. 하지만 각 문제는 나름의 굳건한 철학에 바탕을 두고 있다. 나는 1번 문제를 '훈육식' 문제라고 부른다. 이들의 메시지는 분명하다. 이 문제의 답은 하나뿐이며, 여러분은 그 답

❶ 주머니 속에 쿼터(25센트), 다임(10센트), 니켈(5센트) 동전이 있다. 내가 가진 돈은 모두 얼마인가?

❷ 주머니 속에 동전 세 개가 있다. 내가 가질 수 있는 돈은 얼마인가?

을 내놓아야 한다. 2번 문제는 '발견식' 접근으로, 정해진 답이 없다. 우선 "가질 수 있는"이라는 어구를 주목하라. 이는 모호한 표현이며, 가질 수 있는 금액의 최대치인지, 모든 가능한 경우의 수를 말하는지 자세한 설명이 없다. 학생들은 전자인지 후자인지를 스스로 판단해야 하며, 아마도 집단적인 토론을 통해 결론에 도달할 것이다. 사고력과 창의력을 발휘할 여지가 늘어난다. 여기서 동전은 미국 동전일까? 주머니에 지폐가 있다면? 두 학파 모두 학생을 위한 나름의 교육 철학이 있다. 훈육학파는 정확한 답을 요구하며, 이 답에 도달하려면 기본적인 규칙을 익혀야 한다. 다른 학파는 인생에 한 가지 답은 없다고 가르친다.

읽기를 가르치는 방법에서도 비슷한 논쟁이 벌어진다. '음성학적' 접근은 소리 내어 읽는 법을 강조한다. 이 방법의 첫 번째 전제는 규칙을 암기하는 것이고, 규칙을 암기하려면 엄격한 반복이 필요하다. 이 방법을 예찬하는 사람은 사회관과 윤리관이 보수적일 가능성이 높다. 다른 방법은 이른바 '전인 언어whole language' 방법이다. 이 방법은 단어를 인지하고 맥락을 구분하라고 강조한다. 반복적 학습 대신에, 아이의 손에

될 수 있으면 빨리 책을 주며 읽기와 친해지게 한다. 이 방법을 지지하는 사람은 폭넓은 이슈를 두고 진보적인 견해를 취할 경향이 짙다. (물론. 대부분의 '발견식' 접근 예찬론자도 기본적인 암기의 필요성은 인정한다. 가령 구구단을 외우려면 반복된 암기가 필요하다.)

산수 문제 풀이에
고등수학이 필요한가?

스스로 고생해본 성인은 자신에게 교육이 무엇인지를 이야기할 자격이 충분히 있다고 생각한다. 종종 수학이 이야기의 중심을 차지한다. 수학은 늘 제일 어려운 과목이었고, 낮은 점수와 낙제라는 공포에 떨어야 했다. 모든 학생이 이렇게 어려운 과목을 공부하다 보니 자연스럽게 훈육/발견 논쟁에 불이 붙었다. 훈육식 접근 지지자는 수학을 쉽게 배우는 지름길은 없다고 말한다. 여기 뉴욕 브롱스 예비 학교의 6학년 학생이 외치는 구호를 소개한다. "수학이란 무엇인가요?"라고 선생이 물으면 학생들은 이렇게 대답한다.

수학을 좋아하지 않아도 돼요.
즐기지 않아도 돼요. 사랑해야 할 필요도 없어요.
하지만 꼭 정복해야만 해요. 난 그렇게 할 거예요.
이게 수학이예요.[3]

보수 성향의 칼럼니스트이자 스스로 "대중 수학 저자"라고 표현했던 존 더비샤이어는 이렇게 말한다. "수학을 아주 잘하거나, 많이 좋아하는 사람은 드뭅니다."[4] 그의 말이 옳다면, 대부분 학생이 "아주 잘하기 어려운" 과목을 어떻게 가르쳐야 하는지 생각해볼 필요가 있다. 주머니 속 동전 세 개의 문제를 놓고 헤매는 학생도 있을 것이다. 하지만 그들은 이 문제와 씨름해야 한다. 성인으로 살아가려면 해봐야 하는 계산이기 때문이다.

양 진영의 교수들은 이 전쟁 속에서 무리 지어 대립한다. 한 진영은 명문 대학의 수학자 집단으로, 나는 앞에서 이들을 '만다린'이라 칭했다. 만다린의 의견에 동조하는 하위 기관 학자들 또한 여기에 동참한다. 내가 '훈육학파the Discipline'라는 용어로 이들을 지칭한 이유는 그들이 끈기를 갖고 수학을 '주입'하려 하기 때문이다. 나아가, 그들은 지적 탐구와 학문의 대상으로 수학의 위상을 유지하고, 또 육성하려 든다. 그렇다면 이러한 만다린과 그 추종자는 초등학생의 수학 교육에 왜 그토록 촉각을 곤두세울까? 주머니 속 동전의 문제를 푸는 데 고등수학이 필요하지는 않은데도?

아니, 필요할 수도 있다. 역사적 사례 하나를 소개한다. 1999년, 빌 클린턴 정부의 교육부 장관은 '발견학파the Discovery'의 교육 방침이 "유망하고", "참고할 가치가 있다"라고 평가한 보고서[5]를 채택했다. 여기에 엄청난 후폭풍이 일었다. 공개서한 형식으로 200명이 넘는 수학 교수가 서명했다. 하버드, 스탠퍼드, MIT와 같은 명문대가 주축을 이루었고, 프레이밍햄 주립대학교나 노던플로리다 대학교 등도 서명에 동참했다.

이 서한은 "마지막 결정을 내린 위원회에 현역 수학자들이 참여하지 않았다"는 점을 지적하며, 서명한 학자들이 왜 저학년 학생의 교육에까지 강력한 의견을 표시하는지 설명했다. 그들 편에서는 덧셈과 뺄셈 교육조차 고등학교 이후의 모든 교과과정에 등장하는 수학을 완전무결하게 준비하기 위한 과정이다. 한 마디로 훗날 고등수학을 지망하건 말건, 초등학교 1학년부터 미래의 수학 전공자인 양 다루어야 한다는 의미다.

로체스터, 존스홉킨스, 서던캘리포니아 대학교의 교수 집단도 초창기 인터넷에 올린 별도의 성명서를 통해 이러한 견해를 뒷받침했다. 이 성명서는 모두가 긴 나눗셈에 숙달해야 하는 이유와 원리를 설명한다. 겉으로 보기에는 우리가 모두 알아야 하는 지식이다. 나 또한 모든 사람이 300 나누기 24를 암산하고, 13,684 나누기 67을 손으로 풀 수 있기 바란다. 하지만 만다린은 그 이상을 바란다. 그들에게 300 나누기 24는 긴 계획의 일부다.

긴 나눗셈은 모든 학생이 대수학(다항식의 나눗셈 정리), 미적분학 예비 과정(근과 점근선), 미적분학(유리함수와 라플라스 변환의 조합)에 숙달하는 데 필요한 연산능력이다.[6]

만다린에 따르면, 학생들은 수학 전공자 과정에 맞춰진 '라플라스 변형' 같은 개념을 공부해야 한다.

훈육학파가 수학을 보는 시점

훈육/발견학파 논쟁은 인간 본성(유년기 본성)에 관한 서로 다른 시각을 반영하며, 사회를 성공적으로 지탱하는 데 필요한 개념이 무엇인지를 다룬다. 훈육학파는 19세기의 교과서 저자, 윌리엄 맥거피 덕분에 영향력을 유지하고 있다. 맥거피는 학생들에게 정해진 교과과정을 엄격히 가르쳐야 한다고 생각했다. 홀리크로스 대학의 카르스텐 슈테버는 이러한 훈육학파의 주장을 간략한 말로 요약한다. "반드시 수학 실력을 쌓아야 하고, 힘들더라도 참아야 한다."[7] 그들 말로는 원치 않는 운명을 감당하는 것이 인생이며, 수학은 자제심을 훈련하는 좋은 수단이다.

또한 맥거피는 이러한 교육이 인격 형성에 도움이 된다고 주장한다. 내면의 힘에 집중하고, 희열의 순간을 뒤로 미루고, 권위에 복종하는 미덕을 배운다는 것이다. 다른 학문과 달리, 수학은 유행이나 일회적인 의견에 휘둘리지 않는다. 페르마의 마지막 정리를 푼 사이먼 싱은 이렇게 말한다. "수학은 모든 학문을 통틀어 가장 주관적이지 않은 학문이다."[8] 토론은 사회과학과 어울릴 뿐, 기하학은 학생들이 일방적으로 배워야 할 내용의 집합체다. 게다가 학생에게 혁신적인 수학적 발상을 떠올리라고 요구하는 것도 아니다. 학생들이 뭔가 새로운 것을 발견했다고 생각한다면, 헛다리를 짚었을 가능성이 높다.

이런 훈육 방식의 이면에는 미국의 청교도적 분위기가 깔려 있다. 이러한 분위기는 좀처럼 사라지지 않으며 늘 새로운 모습으로 나타난다. 노골적이지는 않더라도, 훈육 방식을 지지하는 사람 상당수가 학생들이 재미있어 하는 교육을 삐딱한 시각으로 본다. 그들은 학생들 성향에 맞추려는 연예인 같은 교수를 멸시하고, 아이들에게 재미있는 수업을 하는 초중고 교사에게 경고의 메시지를 보낸다. 훈육학파에서는 내심 "노력이 없으면 얻는 것도 없다"라는 말이 육체 훈련만큼 정신 훈련에도 적용된다고 믿는다. 내가 쓴 〈뉴욕타임스〉 기사를 본 후에 그들은 다양한 반응을 보였다.

> 대수학을 공부해야 하는 이유는 기초 군사 훈련에서 팔굽혀펴기를 하는 이유와 같다. 전투 현장(인생)에서 써먹지는 않더라도, 우리를 더 강인하게(똑똑하게) 만들어주기 때문이다.

> 꾹 참고 문제를 풀어내는 학생이 문제를 보자마자 수건 던지듯 포기하는 학생보다 인생에서 성공할 확률이 높다.[9]

> 엄격한 훈육은 수학 교육의 핵심입니다. 많은 학생은 이런 엄격한 훈련을 싫어하죠. 시속 150킬로미터 공을 치는 게 쉽지 않죠. 하지만 시속 60킬로미터짜리 공밖에 던지지 못한다면, 메이저리그에 발을 디딜 수 없을 겁니다.

> 어렵다는 이유로 모든 것을 없애야 할까? 교육이란 인성을 다듬는 수단이며, 장난거리가 되어서는 곤란하다.

어렵다는 이유로 모든 것을 없애야 할까? 교육이란 인성을 다듬는 수단이며, 장난거리가 되어서는 곤란하다.

기본적인 미적분을 배울 능력과 끈기가 없는 의사에게 내 몸을 맡기고 싶진 않다.

나는 내 방에서 머리를 싸매고 씨름하던 순간을 기억합니다. 그 시간을 통해 수학 이상의 것을 배울 수 있었습니다. 인내, 끈기, 연습은 언젠가 보상을 안겨준다는 사실을요. 인생의 큰 교훈이었습니다.

수학은 인생의 다른 것과 마찬가지로 정확성을 요구한다. 정답과 오답만이 존재할 따름이며, 정답에 '가까운' 것은 인정할 수 없다.

싸우려는 게 아닌가 싶을 정도로 그들의 어조는 단호했다. 수학과 씨름하며 고통을 딛고 살아남았다는 자부심이 엿보였고, 힘든 세상 속에서 수학이 성공의 밑거름이었다는 신념에 차 있었다. 자신의 그런 경험을 윤리적 기준으로 생각하는 우월감이 느껴졌다. 그들은 자신을 묘사하면서 '인성'과 '훈육 방식', '끈기와 엄격함', '정확성과 인내'라는 단어를 자주 사용했다.

안타깝게도 수학의 아름다움이나 지식의 기원, 대자연에서의 위상 등에 관한 언급은 없고, 팔굽혀펴기, 농구, 복싱(수건을 던진다는 비유)과 같은 비유가 대부분이다. 그들 중 일부에게는 수학이란 국가 지상주의, 경제적 우월성, 확고한 시민 의식을 상징한다.

훈육주의자는 교실을 전통적인 관점으로 생각한다. 학생은 책상에 앉고, 교사는 교단에 선다. 학생은 똑같은 책장을 펴고, 교사는 칠판에 연습 문제를 풀어준다. 가끔 학생들이 앞으로 나와 칠판에 문제를 푼다. 하지만 대부분은 책상에 앉아 선생의 말에 귀를 기울인다.

수학은 다른 어떤 과목보다 교사가 원하는 답을 정확히 풀어야 한다. 이러한 이유 탓에 뒤처지는 학생을 포용하기가 더욱 어려워지는 것 같다. 그래서 다른 과목보다 C, D, F 학점이 흔히 등장한다. 정답이 하나이므로 ACT, SAT, 커먼 코어가 '평가'하기에 적합하며, 많은 주는 이러한 평가를 바탕으로 고등학교 졸업 자격을 결정한다.

수학은 현실 문제를 풀기 위해 고안된 수단

발견학파는 사범대학 교수들이 주축을 이룬다. 사범대학은 대부분의 초중고 수학 선생을 배출하는 곳이다. 이곳 교수들은 무명 인사가 대부분이며, 교내에서조차 알아보는 사람이 드물다. 하지만 그들의 제자들이 미국 전역의 초중고등학교에서 수학 교육을 담당하고 있다.

대부분의 사범대학 교수는 존 듀이의 교육론을 따르며, 의무교육을 담당하는 모든 제자에게 존 듀이의 철학을 전수한다. 사범대학 교수들은 모든 교육 과정에서 학생이 최대한 흥미를 느낄 교육 방법을 추구한다. 고등학생이 수학에서 낙제하는 이유를 아이들에게서 찾지 않고, 수업 방식이 잘못된 탓이라 생각한다. 최소한 지금까지는 사범대학 교수가 수학을 비롯한 제반 교과목의 교육 방법에 가장 큰 영향력을 미치고 있다.

사범대학 교수들이 응원하는 발견학파는 학생 스스로 문제를 분석하고 풀이법을 찾도록 권장한다. 이 학파를 구성주의자constructivist라고도 부르는데, 학생에게 자신의 전략과 기술을 세우도록 장려하기 때문이다. 교실에서의 상호 소통을 강조하므로 상호주의자라고도 부른다. 여기에서 전제해야 할 것은 "수학 교실은 개별 학생의 집합이 아닌 학습 공동체가 되어야 한다"[10]는 사실이다. (이 문구는 연구와 지원을 담당하는 상호수학프로그램Interactive Mathematics Program 컨소시엄에서 발간한 〈스승 대 스승 가이드〉에서 인용했다.)

보통 한 교실에는 25명이 들어가고, 한 반 학생을 5조로 나눈다. 각 조는 책상 주변에 둘러앉는다. 교사는 교실을 돌아다니며 각 조의 아이를 상대하고, 가끔 교단에서 아이 전체를 상대로 무언가를 설명한다. 문제를 푸는 학생들은 교사에게 도움을 요청할 수 있다. 하지만 교사가 도와주는 것은 조원 모두 머리를 맞대고 풀어도 답이 나오지 않을 때뿐이다.

학생은 큰 집단보다 작은 집단에서 적극 질문하기 마련이다. 책상

하나당 학생이 5명이므로 숫기 없는 학생도 용기 내기가 쉽다. 특히 교사가 모든 학생의 참여를 강조하는 경우에는 더욱 그렇다. 학생들이 다른 급우의 의견을 듣는 순간, 서로의 문제 해결 방식과 습성을 익힌다. 무작위로 조를 짜는 것이 학습에 도움이 된다는 사실도 밝혀졌다. 문제를 빨리 푸는 학생이 많아진다는 사실도 드러났다. "논리력을 키우는 최고의 방법은 자신의 풀이법을 제3자에게 설명하거나 이해하게 하는 것이기 때문이다." 재능 있는 학생들을 우열반으로 분리해야 한다는 주장이 설득력을 잃는 순간이다.

발견학파 지지자는 "학생 스스로 지식을 쌓아나갈 때 배움의 효과가 극대화된다"라고 생각한다. 나아가, 자신만의 방법을 발견하도록 장려하므로 나름의 머리를 쓰게 되고, 상상력과 창의력을 발휘한다. 발견학파 측에서 긴 나눗셈이 들어간 문제를 어떻게 풀어나가는지 알아보자.

한 박스에 주스 캔 24개가 들어간다. 학교에서 점심을 먹는 어린이 300명 모두에게 주스 캔을 나눠 주려면 몇 박스가 필요한가?[11]

훈육학파에서는 300 나누기 24를 계산한다. 처음엔 1, 그다음에는 2라는 숫자가 나오고, 소수점을 찍은 다음, 마지막으로 5라는 숫자가 나와야 한다. 정답을 12.5로 제시할 수도 있고, 12와 2분의 1로 제시할 수도 있고, 몫 12, 나머지 5라고 제시할 수도 있다. 그리고 0.5 또는 2분의 1은 반 박스를 의미한다고 가르친다. 12박스 안에 든 288개로는

12개가 부족하므로 정답은 13박스다.

발견학파 교실에서는 이 문제를 어떻게 접근할까? 이들은 하나의 정답으로 초점을 맞추지 않는다. '왜' 이 문제의 답을 내야 하는지도 생각해야 한다. 숫자란 추상적인 기호가 아니라, 인간이 현실 문제의 해답을 찾기 위해 고안한 수단이기 때문이다. 5개 조에서 나오게 될 답안을 나름대로 상상해보았다.

A조: 박스 12개만 주문하기로 했어요. 물론 12캔이 부족할 거예요. 하지만 평소에도 300명 중에 12명은 결석하거든요. 그리고 출석한 아이 중에 주스를 싫어하는 아이들도 있어요.

B조: 12박스만 주문할 거예요. 288캔을 일단 마련해 놓고, 아이들이 288명이 넘어가면 종이컵에 조금 따라서 나눠 마시면 될 것 같아요. 한 모금도 낭비하지 않으려면요.

C조: 25박스 주문하죠. 총 600캔을 마련하면 다음 점심 시간에도 주스를 한 번 더 나눠 줄 수 있어요. 이렇게 하면 복잡한 나눗셈을 매번 할 필요도 없어지죠.

D조: 우리는 여러 가지 방법을 논의해봤어요. 일단 답부터 바로 이야기하면, 300명 모두가 출석했을 때 13박스가 필요해요. 하지만 캔 몇 개는 남을 거예요. 그런데 이 답이 출제자의 의도에 맞는 건가요?

E조: 나눗셈을 하고 나니, 다른 문제점이 생각났어요. 받은 주스를 남기는 아이가 많으면 어떡하나요? (언제나 절반만 마신 캔이 책상 위에 있는 경우가 많았어요.) 주스를 더 마시고 싶은 아이도 있지만, 그 아이들이 주스를 남긴 아이 옆에 앉는다는 법도 없으니까요. 그래서 캔과 빨대를 주기보다는, 책상마다 피처와 종이컵을 마련하는 게 좋을 것 같아요. 그러면 비용도 절약할 수 있어요.

발견학파 지지자는 이런 식의 수업 진행을 높이 평가한다. 서로 아이디어를 나누는 것은 어른이 되기를 준비하는 바람직한 과정이다. 실제로 수학자들은 커피를 마시며 의견을 나누고, 회의석상에서 토론하며, 각자의 성과를 두고 의견을 개진한다. 발견학파의 수업 계획표는 "수학자, 배관공, 기술자, 치위생사 등이 다루는 수학이라면 협업과 소통이 필요하다"는 현실을 상기시킨다. 그들은 개인주의와 경쟁을 강조하는 훈육학파의 허점을 지적한다. 훈육학파는 지식을 만들고 전달하는 과정에서 집단적 요인이 작용한다는 점을 간과한다.

발견학파는 학생 하나하나를 창조적 발명가, 연구하는 지성, 미래의 예술가로 바라본다. 그들은 학생들에게 자신의 아이디어를 펼치며 적극 표현하라고 권장한다. 따라서 교사는 "무대 위의 성현"이 되어서는 곤란하며 "조수석의 안내자"가 되어야 한다. 그렇다고 초등학생이 독창적인 이론을 떠올려야 한다는 말은 아니다. 하지만 초등학생이라도 통찰이 깃든 풀이법을 발견할 수 있고, 실제로 그랬던 사례도 있다. 이렇게 기가 산 학생은 정규 교육 과정에서 훈육학파보다 뒤처질 수도 있다. 하지만 그들은 자신의 지적 능력과 독창성을 어떻게 활용하는지 습득한다. 이것을 교육의 목적으로 생각하는 사람도 많다.

물론 훈육학파는 여기에 동의하지 않는다. 우선 그들은 일부 학생이 긴 나눗셈을 할 줄도 모르면서 '무임승차'를 할지도 모른다고 생각한다. 그들에게 더욱 중요한 것은 절대적인 수학 학습량이다. 매사추세츠 워번 고등학교에서 대수학을 오랜 기간 가르쳐온 알 쿠오코가 이러한 견해를 보인다.

> 지금부터 10년 후, 사람들이 "전 수학을 잘하고, 또 좋아해요"라고 말하게 될까 봐 걱정입니다. 그들이 '잘하고 좋아하는' 수학은 과학자와 수학자가 활용하는 수학과는 많은 거리가 있습니다.[12]

문장만으로 보면 틀린 말은 아니다. 하지만 그의 발언은 모든 학생이 "과학자와 수학자가 활용하는 수학"을 숙달해야 한다는 것을 전제하고 있다.

팀으로 문제를 풀 수는 없을까?

앞서 국제수학올림피아드를 예로 들어 수학이 융성하는 데 표현의 자유가 중요한 요소가 되는지를 다루었다(정답은 '그렇지 않다'이다. 이란과 북한 학생이 수학을 잘한다는 것이 그 증거다). 이번에는 국제수학올림피아드를 다른 관점에서 분석해보고자 한다. 순위보다는 대회 진행 방식에 초점을

맞춰보겠다.[13]

앞서 언급한 것처럼, 2013년 콜롬비아 산타클라라에서 열린 수학올림피아드에는 97개 국가가 참가했다. 한 국가당 6명이 출전했다(룩셈부르크에서는 2명, 몬테네그로에서는 4명, 리히텐슈타인에서는 1명이 출전했다). 최종 572명이 실력을 겨뤘다. 나는 우리가 한 집단을 '팀'이라고 부를 때 무엇을 뜻하고, 무엇을 뜻하기 바라는지 설명해보려 한다.

기본적으로, 팀이란 같은 깃발 아래 행동하는 개인의 집합을 의미한다. 미국체조팀이나 아이오와 주립대학교의 크로스컨트리팀이 그 예다. 이것이 쉽게 이해되는 기본적인 정의이고, 모든 참가자는 팀원이 된다. 하지만 팀워크라는 말에서도 짐작하는 것처럼, 팀은 더욱 어려운 뜻을 내포하고 있다. 물론, 체조선수와 달리기 선수가 서로의 사기를 북돋아 주는 모습은 참 보기 좋다. 하지만 축구나 농구 같은 스포츠에서는 얼마나 잘 협동하느냐에 따라 승패가 결정된다(야구와 풋볼은 개인기와 팀워크가 접점을 찾은 스포츠다). 이제 수학으로 가보자.

올림피아드 성적은 팀 단위로 발표되나, 경기는 본질상 농구보다는 체조와 비슷한 개인 간 경쟁이다. 말하자면, 527명 모두가 자기 책상에 앉아 똑같은 문제를 풀어야 한다. 마지막 종이 울리면 감독관에게 답안지를 제출한다. 각 나라의 출전자 점수가 합산되고, 이 점수로 국가별 순위를 결정한다. 2013년에 미국은 190점으로 전체 3위를 기록했다. 미국 출전자들의 점수는 35, 35, 35, 31, 29, 25점이었다. 중국은 전년도에 이어 208점으로 1위를 수성했고, 29번의 올림피아드 가운데 18번을 우승했다. 대한민국은 184점, 이란은 168점이었다.

나로서는 각자의 시험 성적을 단순 합산하는 집단을 어떻게 팀으로 부를 수 있는지 의아하다. 미국 출전자의 성적을 보면, 다른 나라의 참가자와 경쟁하듯 서로의 성적이 막상막하라는 것을 알 수 있다. 여기에서 양면성이 드러난다. 자기 국가가 우승하기를 바란다면, 그 출전자는 동료 출전자 사이에서도 1등을 하려고 노력해야 한다.

올림피아드의 방식에 반대할 이유가 없을지도 모른다. 대부분 고등학교와 대학교에서 수학이란 홀로 씨름해야 하는 과목이기 때문이다. 각자의 시험 결과에 따라 학점이 정해지며, SAT를 치른 학생이 자기 점수를 받아가는 것과 마찬가지다. 시험 시작 전까지는 로스쿨 학생처럼 서로 의견을 나눌 수 있다. 하지만 일단 시험이 시작되면 결코 그럴 수 없다. 서로 의견을 나누는 순간 부정행위를 한 것으로 간주한다. 하지만 개인 성과만을 내세우는 것이 정녕 바람직할까?

나는 여기에 부작용이 있다고 생각하며, 올림피아드 경기에 상당히 실망한 것도 그런 이유 때문이다. 각국 출전자는 산타클라라까지 가는 과정에서 서로 어울려 지냈을 것이다. 심지어 시험이 시작되는 순간까지 대화를 나눴을 것이다. 그렇다면 왜 이들에게 농구나 축구 경기와 같은 협업을 요구하지 않을까? 팀 방식이란 팀원 각자의 역량과 개성을 한데 모아 문제 해결을 시도하는 것이다. 그래서 나는 한 책상 주변에 각 나라 출전자가 모이는 편이 좋다고 생각한다. 그들은 머리를 맞대고 문제를 풀어 하나의 답을 도출할 수 있다. 527개의 답안지 대신 97개의 답안지를 취합하는 것이다.

실제로 많은 수학적 발견이 개인들의 손에서 이루어졌다. 버트런드

러셀이 패러독스 정리를 발견하고, 베른하르트 리만이 제타 함수를 도출한 것은 두 사람이 각자의 노력으로 일군 결과물이다. 하지만 이처럼 고도의 지력이 요구되는 분야에서조차 두 사람이 한 사람보다 나은 경우가 종종 등장한다. 칼라비-야우 다양체, 하우스도르프 차원, 쿠더-리처드슨 공식을 알게 된 것도 이러한 협업의 산물이었다. 실제로 수학 저널에 실리는 대부분 논문은 저자가 2명 이상이다. 방정식을 풀려는 교수들이 흑판 위에 공식을 쓰고 토론하는 광경도 흔하게 목격한다. "대부분의 수학 문제는 여러 수학자의 통찰력이 필요하다." 실비아 나사르와 데이비드 그루버는 이렇게 지적한다. "수학은 그 어떤 다른 분야보다도 협업에 의지하는 학문이다."[14]

'수학 머리'가
따로 있는가

학생들의 성적이 시원찮으면, 비난의 화살은 교사를 향하기 마련이다. 못 가르치고, 교육 수단을 개선하지도 않고, 학문에 매진하기보다 교사의 특권에만 혈안이라는 비난에 시달린다. 단체 행동에 참여하는 교사는 문제를 더욱 악화시키며, 집단 이익을 위해 제휴할 뿐이고, 그러한 행동이 신뢰성을 저해하며, 정치적 활동으로 입법 활동을 방해할 수도 있다고 생각한다. 그들이 교육대학에서 잘못 배웠다는 이야기도 나올 수 있다. 교육대학이 섣부른 유행을 따르려 하고, 흥미 위주의 교육 방식을 전파한다는 시각도 있다.

그 어떤 공직자도 이처럼 혹독한 평가에 노출되지 않는다. 소방관과 산림감시원에게 비난의 화살을 돌리는 경우는 찾아보기 어렵고, 고속도로 관리 기술 인력이나 국선 변호인에 대한 불만의 목소리도 좀처럼 듣기 힘들다. 교사의 실력이 부족하다는 편견 또한 뿌리 깊게 박혀 있다. 하지만 이렇게 교사를 비판하는 사람 중에 학문의 즐거움을 느끼게 하기 위해 교육 현장을 몸소 경험해본 사람은 매우 드물다.

수학: 재능이냐, 노력이냐

수학 교사의 역량을 두고 많은 말이 들린다. 우수하지 못한 인력이 교사가 된다는 비판을 자주 듣는다. 전미경제교육협의회에서 발간한 〈힘든 선택인가, 힘든 시간인가Tough Choices or Tough Times〉에는 다음과 같은 내용이 나와 있다.

"역량이 떨어지는 고등학생 중에 상당수가 교사의 길을 걷는다."[1]

이 말을 잠시 곱씹어보라. "역량이 떨어진다"라는 평판을 듣는 당사자는 다름 아닌 '고등학생들'이다. 그들은 SAT를 치면서 지망하는 학과를 써넣는다. 과거보다는 적어졌지만, 아직 교육대학을 지망하는 학생들이 씨가 마른 건 아니다(2005년에는 8퍼센트였으나, 2014년에는 겨우 4퍼센트에 불과하다). 관련 보고서를 들추면 칼리지보드 측은 학생이 받은 SAT 점수와 지망 학과를 비교하고 있다. 교대를 지망한 학생들 성적이 다른 학과를 지망한 학생보다 낮은 것은 사실이다.[2] 교대 지망생의 언어/수학 점수 합계는 966점인데 반해, 사학과 지망생은 1049점, 공대 지망생은 1107점이다.

SAT 성적을 활용하는 이유가 있다. 비판자들이 유일하게 '능력'의 척도로 활용할 수 있는 수단이기 때문이다. 좋은지 나쁜지는 모르겠으나, 성인이 된 이후에는 한 개인을 이처럼 조밀하게 평가하는 수단은 없다. 금융 인력이나 외과 의사의 능력을 두 자리 숫자로 간단하게 측정할 수 있다면 얼마나 좋을까? 수학 교수 또한 마찬가지다. SAT 점수로 다시 돌아오면, 역사학과 지망생이 공대 지망생보다 "능력이 떨어진다"고 말할 수 있을까? 17세에 받은 시험 결과가 10년 후의 업무 능력을 가리킨다고 말한다면 나가도 너무 나간 것이 아닐까?

또 다른 분석을 보면, 과거에는 재능 있는 여성이 할 일이 없어서 교사의 길을 택했다고 한다. 하지만 오늘날에는 유능한 여성이라면 과학자나 변호사가 되고, 선호하는 직업에서 밀리다 보니 어쩔 수 없이 교직의 길로 간다는 말이 들린다. 이러한 시각에서 보면 금융 회사에 다니는 여성이 여교사보다 유능하다고 말할 수 있다. 흥미로운 가설이나, 검증된 것은 아니다. 이와 관련해 교사 급여가 올라간다면, 금융 인력이 교직을 선택할 것이라는 가정도 설득력 있어 보인다(하지만 법률, 의료, 금융 시장의 규모를 생각해보면, 교사가 아무리 급여를 많이 받더라도 비슷한 수준에 근접할 수 있을지 의문이다). 여기에서 또 다른 상관관계를 검토해보자. 초등학교 저학년 당시의 성적으로 레버리지 바이아웃 금융 기법을 다루는 소질을 판단할 수 있을까?

또한 수학 교사는 특별한 어려움을 이겨내야 한다. 그들은 수학을 어렵게 느끼는 학생을 가르쳐야 하고, 이 과정에서 상당히 많은 교사가 실패를 경험한다. 수학만큼 가르치기 어려운 과목도 없다. 많은 사람은 수학에 타고난 사람이 따로 있는 것 같다고 생각한다. 교사들 또한 이러한 고민에서 벗어나 있지 않다. 전 세계의 수학 교사를 대상으로 한 조사에서 언급된 이야기 하나를 소개한다. 그들은 다음 문장에 예, 아니오로 대답해야 했다.

"수학에 소질이 있는 학생은 따로 있다."[3]

실제로 대부분 이 말에 동의했다. 러시아는 93퍼센트, 체코 공화국은 95퍼센트가 예라고 대답했다. 긍정 비율이 가장 적은 덴마크와 이탈리아 교사도 각각 65퍼센트와 74퍼센트가 그렇다고 했다. 샘플로 선정된 미국 교사는 82퍼센트가 예라고 답했다. 고작 여섯 구절로 구성된 이 문장은 많은 것을 내포하고 있다. 이는 하나의 의식 체계로 지금 교육 현장에서 일어나는 많은 현상을 설명한다.

수학과 관련해서 '재능'의 문제를 말하고 싶다면, 음악과 연기, 리더십 및 운동 분야의 재능과 나란히 생각하는 게 맞다. 하지만 이 문제와 관련해 어떤 학생이 '역사'와 '지질학'에 재능이 있다고 말하는 경우는 별로 없다. 다른 분야에서는 격려와 노력만 뒷받침되면, 대부분 학생이 훌륭한 성과를 낼 수 있다고 생각한다. 그런데 조사 결과를 보면, 수학 교사의 80퍼센트는 타고난 소질이 있어야 수학을 잘할 수 있다고 생각한다. 부모에게 이런 현실을 받아들이라고 경고하는 학교가 많지 않은가?

내 생각에 모든 인간은 지능과 상상력, 창의력과 독창성을 지니고

태어났다. 실제로 모든 사람에겐 특정 분야에서 탁월한 능력을 발휘할 만한 잠재력이 있다. 지금은 모든 학생 중 3퍼센트만 SAT에서 750점을 받는다. 그렇다면 적절한 지원 아래 열심히 공부하면 누구나 750점을 받을 수 있을까? 그럴 리 없다. 모든 인간이 동일한 능력을 갖출 수는 없기 때문이다. (또한 ACT나 SAT가 수학 지식과 이해력을 평가하는 믿을 만한 잣대인 것도 아니다.)

하워드 가드너는 이미 한 세대 전, 고전으로 꼽히는 《지능이란 무엇인가Frames of Mind》에서 이를 가장 탁월하게 묘사했다. 누군가가 다른 이보다 "더욱 총명하다"라고 말한다면, 현실을 오도하고 이 사회에 해를 끼치는 일이다.

가드너는 "다중 지능"이 존재한다고 말했다.[4] 다중 지능을 재능, 소질, 능력, 재주 등 무슨 용어로 불러도 무방하다. 시인이나 조각가, 요리사를 가리켜 "총명하다"라고 하지는 않는다. 그들은 지적 능력 그 이상의 것을 발휘하기 때문이다. 남달리 독창적인 이론을 개발하는 수학자도 마찬가지다. 그들의 업적은 주로 지적 능력보다는 통찰과 영감에서 비롯된다.

교사의 가장 큰 역할

실제로 이상주의적 견해를 보이는 보수주의자가 있다. 수학을 제대로 아는 사람이라면 늘 어렵다고 느낄 수밖에 없다는 것이다. 하지만 마음먹고 달려든다면 성적은 올라가기 마련이라고 주장한다. 이들은 그 근거로 지금의 수학 교육 과정을 예로 든다. 충분한 후원을 받는 차터 스쿨의 수학 교육 과정은 저소득층, 소외계층 아이들이 분발하도록 격려한다. 그들은 엄격한 학사 일정을 펼치면 모든 학생이 문제없이 따라온다고 말한다. 현실적인 장애물이라고 해도 조지 부시 대통령의 말마따나 "편견에 따른 낮은 기대 수준" 정도에 그친다. 그들은 엄격한 수학 교육을 시키면 모든 학생이 자신의 의지를 보여줄 수 있다고 반박한다. 이러한 학생들을 위해 적절한 자원을 제공할 수 있는지는 별개의 문제로 하고 말이다.

"안타깝게도, 더 나은 교육 효과를 추구하는 방법은 여전히 오리무중입니다."[5] 조지 부시가 기획한 위원회에서 나온 고백이다. 미국 전체의 수학 교육을 개선한다는 목적으로 시작한 위원회였다. 학계 전문가들이 참여한 권위 있는 위원회에서 이러한 한숨 섞인 소리가 나온다면, 앞으로의 여정이 얼마나 더 험난할지 예상할 수 있다. (한 가지 지적하자면, 위원회는 경험담을 청취하고 연구 자료를 들춰보는 방법에서 벗어나지 못했다. 그들이 세인트폴이나 샌안토니오의 성공적인 수업 사례를 직접 참관했다는 이야기는 들어보지 못했다.)

위원회는 힌트를 얻고 싶었는지, 수백 명의 대수학 교사를 상대로 교단에서 느끼는 가장 큰 고충이 무엇인지 설문 조사를 했다. 대부분 '의욕 없는 학생들을 가르치는 것' 항목에 체크했다. 다음을 주목해야 한다. 그들은 학생들의 준비 부족을 탓하지 않고, 배울 '의욕'이 없다는 것을 문제 삼았다.

내 생각에 교사라면 의욕이 떨어진 학생의 학구열을 북돋을 수 있어야 한다. 수학에서는 특히 대부분 학생에게 높은 학구열을 기대하기 어렵다. 방위각과 점근선을 공부하고 싶어 열정을 불태우는 학생이 과연 얼마나 될까? 하지만 교사는 학생의 의욕을 되살리는 사람이다. 우리 모두 학창 시절에 그러한 교사 한두 명쯤은 경험해보았을 것이다. 훌륭한 교사는 라스베이거스에서도 가르칠 것을 찾고 교안을 가져와 쥔 패를 최대한 활용한다. 그들은 학생들을 나무라지 않는다. 의사가 환자를 탓한다면 누가 그 의사를 좋아하겠는가? 맨해튼에 있는 내 친구들은 퀸스의 사립대학에서 강의하는 나에게 종종 이렇게 물어본다. "자네가 가르치는 학생들은 우수한가?" 내 대답은 간단하다. "내가 그렇게 만들어야지."

학생을 실력에 따라 줄 세운다는 발상을 좋아하는 사람은 "능력별 집단화"라는 용어를 사용한다. 이 발상을 싫어하는 사람들은 "서열화"라는 용어를 선호한다. 전자는 이러한 방식이 학생에게 능력에 맞는 최적의 기회를 제공한다고 말한다. 후자는 비민주적이고 불공정하며, 계층을 고착화하는 결과를 초래한다고 주장한다. 능력에 따라 학생을 가르는 경향(종종 그들의 배경에 따라 가르는 결과도 낳는다)은 수학이 다른 과목에 비해 두드러진다. 생물이나 사회 과목에서 우열반을 운영하는 학교는 찾기 어렵다. 여기서 우리는 모든 학생에게 고등수학을 강제하면서 발생하는 또 다른 결과를 생각해야 한다. 이러한 강제 교육은 학생들을 갈라놓는다. 겉으로는 교육적인 이유를 내세우지만, 낙오자로 전락하는 학생은 영원히 사라지지 않을 것이다.

내가 아는 가장 훌륭한 사례를 소개한다. 미시간 대학교의 연구자들은 17개 지역에 분포한 고등학생 1만 4천 명의 성적표를 분석했다.[6] 이 지역의 모든 고등학생은 고교 수학 4년 과정을 의무적으로 이수해야 했다. 이 연구는 모든 지역에서 빈틈없는 교육 과정을 제공한다고 전제했지만, 실제로 그 정도의 교육 과정을 시행하는 지역은 세 군데(모두 부유한 외곽 지역)에 그쳤다. 그리고 나머지 14개 지역 중 5개 지역에서는 대부분 고등학생이 이 과정을 통과했다. 어떤 지역에서는 통과한 비율이 8퍼센트에 그쳤다. 나머지 학생들은 아주 익숙한 이유로 낙제했다. 그들은 기하학이나 대수학을 따라가지 못했다.

연구에서는 학교별로 학생을 서열화하지 않더라도, 각 학교가 속한 지역에서 실질적인 서열화가 시행된다고 결론지었다. 일부 지역에서는 학생 대부분이 온전한 수학 교육 과정을 밟아야 했다. 하지만 대부분 지역에서는 학교와 학생 모두 꽤 완화된 수준에서 타협했다. "학생을 양분하는 엄격한 교육과정은 상당 부분 무너졌다고 말할 수 있습니다. 그렇다면 학교에서는 더 이상 학생을 서열화하지 않는 걸까요? 그렇다고 보기는 어렵습니다. 대부분 학교에서는 학생들을 줄세웁니다."

모든 분야의 개선이 필요하다

지금까지 나온 결과를 본다면 미국 학생들은 같은 문제지를 두고 겨루는 세계 수학 경시대회에서 그다지 좋은 성적을 거두지 못하고 있다.

두 가지 주요 연구(수학 · 과학학업성취도국제비교연구TIMSS와 OECD 국제학생평가 프로그램PISA)는 점수 외에도 수학에 대한 생각, 교육의 질, 교육 방식 등을 분석한다. 채점 방식은 다르더라도, TIMSS와 PISA 모두 각 나라의 석차를 매긴다. 다음 쪽에는 2012년 PISA 대회의 성적표가 나와 있다. 표에서 나온 것처럼, 미국은 32등을 기록했다. 표에서는 출전한 총 59개국 가운데 상위 35개국만 표시했다.[7]

여기 TIMSS와 PISA의 또 다른 조사 결과를 소개한다.

- 8학년 학생을 상대로 같은 학년 친구들이 '수학 실력'을 중요하게 생각하는지 물었다. 이스라엘에서는 55퍼센트, 싱가포르에서는 47퍼센트, 태국에서는 45퍼센트가 그렇다고 대답했다. 하지만 미국 학생들은 15퍼센트만이 그렇다고 답했다.

- 한국과 일본의 고등학교 2학년 97퍼센트가 30명이 넘는 학급에서 공부하고 있었다. 미국에서는 30명이 넘는 학급 비율이 16퍼센트에 그쳤다. 하지만 아시아 학생의 성적이 월등히 우수했다. 다른 나라는 수학 수업에서 프로젝터나 전자 칠판, 컴퓨터와 같은 첨단 장비를 활용하는 비율이 미국보다 현저히 떨어졌다.

- 미국의 고등학교 2학년 교사 중에 3분의 2가 수업 시간에 숙제를 하도록 유도했다. 일본에서는 그러한 교사의 비율이 단지 2퍼센트에 그쳤다. 이스라엘, 헝가리, 독일에서는 모든 숙제를 집에서 해와야 했다. 미국 교사들은 학생이 숙제를 미루거나, 아예 하지 않을까 봐 걱정하는 듯 보였다.

2012년 수학 점수

OECD 국제학생평가프로그램(PISA)

1	싱가포르	573	2	한국	554
3	일본	536	4	리히텐슈타인	535
5	스위스	533	6	네덜란드	523
7	에스토니아	521	8	핀란드	519
9	캐나다	518	9	폴란드	518
11	벨기에	515	12	독일	514
13	베트남	511	14	오스트리아	506
15	호주	504	16	아일랜드	501
16	슬로베니아	501	18	덴마크	500
18	뉴질랜드	500	20	체코	499
21	프랑스	495	22	영국	494
23	아이슬란드	493	24	라트비아	491
25	룩셈부르크	490	26	노르웨이	489
27	포르투갈	487	28	이탈리아	485
29	스페인	484	30	러시아	482
30	슬로바키아	482	32	미국	481
33	리투아니아	479	34	스웨덴	478
35	헝가리	477			

　각국 학생을 비교하면, 다른 나라 학생이 미국 학생보다 수학 숙제에 더 성실히 임하는 것 같다. 콩나물시루 같은 교실에서 공부하면서도 실력은 훨씬 우수하고, 수업 시간에는 수업에 충실하고 숙제는 집에 가서 하며, 수학 실력이 뛰어난 학생들을 높이 평가하는 분위기 또한 확실하다. 학생들은 시원찮은 성적을 자기 탓으로 돌리고, 더 좋은 성적

을 받기 위해 더 열심히 공부해야 한다고 생각한다. 네덜란드나 스위스 학교에서 수학을 십자말풀이 퍼즐이나 고대 상형문자 연구 과정으로 대체한다면, 네덜란드나 스위스 학생은 같은 자세로 임해 문자놀이나 고대문자 분야에서 제일 앞서나갈 것이다.

선두에 서는 데 익숙한 나라에서 32등을 했다는 사실은 썩 기분 좋은 일이 아니다. 수학 관련 분야를 개선하기 위해 각종 정책과 제안이 담긴 수많은 논문과 보고서가 난무했다. 여기에서 또 다른 부분을 주목해야 한다. 배경과 소득 수준이 다른 온갖 부류의 학생이 PISA와 TIMSS 시험을 치르고 있다. 따라서 미국의 성적을 끌어올리려면, 사회의 모든 분야에서 개선이 이루어져야 한다.

선두권 국가의 성적을 따라잡는 일은 저절로 되지 않는다. 더욱 엄격한 교과과정을 갖추어야 하는 것은 굳이 말할 필요도 없다. 나아가 학생과 부모가 교육자를 존중해야 하며, 그러한 분위기가 갖춰지면 다른 취미나 활동보다 숙제를 더욱 중요하게 생각하기 마련이다(예컨대 선두권 국가의 고등학교는 미국과 같은 체육 교과과정이 없을 것이다). 미국에서 이렇게 학교 숙제를 중요하게 생각하는 학생과 학부모가 과연 얼마나 될지 궁금할 따름이다.

단지 학습에 임하는 태도의 문제로 끝나지 않는다. 다른 선진국과 비교할 때 미국은 내일에 대한 희망을 잃은 한계 소득 가구의 비중이 높은 편이다. 인종 문제가 주된 이유이지만, 백인 학생도 뒤처지는 경우가 많다. 이러한 환경은 학문의 성취에 부정적인 영향을 끼친다. 국민의 소득 격차가 큰 나라를 상대로 전반적인 수학 성적이 좋으리라 기대하기는 어렵다.

하지만 우리가 이러한 경쟁에 나서야 할까? 그에 앞서, 높은 점수를 받는다는 것이 무엇을 의미하는지 자문해보아야 한다. 직무 능력이 문제라면, 미시시피주와 미시간주의 미국 근로자는 서울과 오사카의 한국 및 일본 근로자만큼 고품질 차량을 잘 조립한다. 주변에서 보이는 고급 BMW는 남부 캐롤라이나 공장에서 일하는 미국 근로자들이 조립했다. 하지만 그들의 대수학 성적은 미국 국민 중에 최하위권일 것이다. 현장에서의 경쟁력을 만드는 것은 높은 수학 성적이 아니다.

한국과 일본의 사례

전 세계에서 수학 성적이 제일 높은 두 나라, 한국과 일본을 분석해보자. 두 나라의 교육 방식은 상당히 다르다. 2010년 OECD 보고서는 무엇이 일본 교육의 핵심인지를 다루고 있다. 그들이 관찰한 바를 보면, "일본 학교에서는 서열화라는 것이 없고, 한 학급에 천차만별의 학생이 들어가 있으며, 능력에 따라 월반하거나 낙제시키지 않는다."[8] 이렇게 천차만별의 학생이 모여 있어도 기대 수준을 낮추는 것은 아니다. "기대 수준을 최저치에 맞추는 것이 아니라, 결과가 도출될 수 있는 범위에서 최고치에 맞춘다." 교사들은 각자 수업을 진행하지만, "모든 학생이 교과과정에 뒤처지지 않도록" 함께 모여 방법을 고민한다. 수학에서는 이 방법이 확실한 효과를 발휘한다. 일본 학생의 최근 PISA 평균 점수는 536점으로, 사실상 서열화를 시행하는 미국의 481점보다 훨씬 높다. 또한 미국과 달리 "우열반도 없고, 특별한 재능이 보인다고 해서 선행학습을 시키는 것도 아니다."

일본은 한 학급의 학생 수가 보통 35명에서 45명 사이이다. 다른 나라보다 상당히 많은 편이며, 보조 교사가 있는 것도 아니다. 그 대신 "성적이 높은 학생이 성적이 낮은 학생을 가르치도록 짜여 있다." 실제로 이러한 방식이 자리 잡히면 두 학생 모두에게 도움이 된다. 성적이 높은 학생에게 '어떻게' 이해했는지 설명해달라고 주문하면, 그 학생은 설명하는 과정에서 더욱 실력을 높일 수 있다.

한국의 고등학교는 인문계와 실업계로 갈린다. 인문계 고등학교에서는 대학 입시를 준비하고, 실업계 고등학교에서는 취업을 준비한다. 학생들은 어느 계열로 갈지 스스로 선택한다. 이러한 선택에 사회 계층이 영향을 미치는 것은 사실이나, 대학 지원 자격을 얻기 위해 또 다른 시험을 통과하거나 일정 점수 이상을 받아야 하는 것은 아니다. 하지만 한국의 수학 성적이 높은 것은 다소 놀라운 현실 덕분이다. 2011년 〈대한소아과학회지〉는 초등학교 5학년부터 고3 학생까지 총 3,370명의 어린이와 청소년을 조사했는데, 이 학회지는 다음과 같은 놀라운 사실을 밝힌다. "한국의 청소년들은 치열한 입시 경쟁으로 수면 시간이 현저히 부족해 낮에 늘 졸린 상태다."[9]

이유를 분석하면, 한국의 거의 모든 십 대 청소년은 방과 후에 개인 과외나 보충 수업을 받는다. 대략 밤 9시에서 10시 사이에 끝나고 집에 가서 또 숙제를 해야 한다. 고2, 고3 학생들의 평균 수면 시간은 5시간에서 5시간 반에 그친다. 따라서 낮에 수업에 집중하지 못하고 졸기 마련이다. 특히 여학생은 손목에 작은 베개를 묶고 책상에 엎드려 잔다.[10] 교육열이 이토록 높다 보니 PISA 시험 성적이 높을 수밖에 없다. 하지만 이렇게 잠을 못 잔 학생들은 부작용에 시달린다. "학교와 집에서 신경이 과민해지고, 감정 동요에 시달리며, 주의력 결핍, 우울증에 시달리고 자살률이 높아진다."

녹초가 된다는 뜻의 '번 아웃burn out'은 이젠 상투적으로 느껴지지만, 인류 역사상 어느 때보다도 이런 십 대들에게 어울리는 표현이 되었다. 안타깝게도, 시험은 해가 갈수록 더 어린 나이의 학생을 겨냥한다.

미국도 이미 이 길을 가고 있다. 커먼 코어의 근간은 다른 나라와 비교할 수 있는 시험 결과를 도출하는 데 있다. 지난 100년간, 미국은 교육의 참된 의미를 정의하는 일에 선도적인 역할을 담당했다. 하지만 지금은 아이슬란드와 에스토니아를 넘어서기 위해 분주히 움직인다. 미국인은 이러한 길이 과연 그들의 자녀와 이 나라가 가야 할 길이 맞는지를 자문해보아야 한다.

현실에서 문제 해결력을
키우는 법

나를 비롯한 모든 교육자는 교육에서 시험이 중요한 역할을 담당한다는 사실을 인정한다. 반드시 학생들의 평가를 위해서만은 아니다. 교육자란 정보, 지식, 분석력을 제공하는 직업이므로, 우리는 학생들이 무엇을, 얼마나 흡수하는지 알고 싶어 한다. 교실에서 학생들의 반응을 보면 되지만, 그것으로는 부족하다. 정교하게 고안한 시험에는 교육 방법을 개선하기 위한 목적도 들어 있다. 실제로 교사들은 그러한 차원에서 시험 문제를 내는 데 익숙하다. 그들은 자신이 다뤘던 내용이 얼마나 효과적인지도 알고 싶다.

하지만 교사들이 내는 시험 문제가 아닌, 표준화된 시험이 논란의 대상이다. SAT나 커먼 코어와 같이 국가 기관이 주최하는 시험, 맥그로힐이나 피어슨과 같이 영리 기관이 주최하는 시험이 문제다. 이러한 시험을 활용하는 중요한 이유는 교사를 믿지 못하고, 외부 평가 수단을 원하기 때문이다.

표준화라는 단어가 무엇을 의미하는지 모두 알겠지만, 잠시 이 단어의 주된 의미를 다시 한번 생각해보자. 첫째, 모두가 같은 또는 비슷한 시험을 본다. 둘째, 문제의 정답은 하나뿐이다. 셋째, 문제는 객관식이어야 한다. 컴퓨터로 성적을 매기거나 사람이 성적을 매기는 경우 엄정한 방법을 따라야 하기 때문이다. 넷째, 60문제를 75분에 풀어야 하는 등 늘 빠듯한 시간제한이 있다.

모든 과목 중에 수학은 표준화된 형식에 가장 적합하다. 제한 시간에 정해진 답을 고르기에 수학만큼 어울리는 과목도 없을 것이다. 하지만 표준 시험 지지자는 그보다 많은 것을 원한다. 커먼 코어의 설계자나 지지자는 커먼 코어가 고도화된 시험이므로 비판적 사고, 논리적 추론, 고차원적 능력을 평가할 수 있다고 주장한다. 하지만 그토록 복잡한 과정이 객관식이나 단답식 문제를 통해 어떻게 드러날 수 있는지 의문을 표하는 사람도 있다.

대안은 있다. 요즘에도 연구 프로젝트나 통합교과적 프로그램을 강조하며 학생의 자발적인 발표를 중시하는 학교가 있다. 물론 이러한 교과과정을 운영하려면 꽤 많은 돈과 시간이 소요되며, 평가에 편견이 개입될 수도 있다. 하지만 내가 궁금한 것은 어떻게 이러한 기법을 수학에 적용할 수 있느냐는 것이다. 기하학에서 창의력을 발휘하고, 대수학에서 독창성을 보여주라고 요구하는 것이 현실적으로 가능할까?

그렇다고 생각한다. 다음에 소개되는 문제는 "수리능력 기초과정" 수업에서 써먹었던 것이다. TIMSS 시험 역사상 제일 어려웠던 문제를 변형했다. 전 세계적으로 10퍼센트의 학생만 이 문제를 풀었고, 미국은 이 비율이 4퍼센트에 그쳤다.[11] 재미있는 것은 두 자리 숫자의 정답이

두루마리 휴지 속지처럼 생긴 속 빈 원통에 노끈이 규칙적으로 감겨 있다. 노끈은 그림과 같이 원통을 일정한 간격으로 4번 두르고 있다. 원통의 둘레는 4센티미터이며, 원통을 세웠을 때의 높이는 12센티미터다. 노끈의 길이를 계산하라(자 또는 줄자를 사용하지 말 것).

아니라, 이 답을 내는 풀이 과정이다. 딱 보기에 문제는 간단해 보인다. 어려운 방정식이나 증명 과정이 없다. 그렇다면 초보적인 기하학으로 실의 길이를 알아낼 수 있을까? 장담할 수는 없다. 그 대신 여기에서 필요한 것은 새로운 발상이다. 세르게이 댜길레프가 장 콕토에게 "나를 놀라게 해봐!"라고 했던 정도의 독창적인 아이디어가 필요하다.

학생들은 집에 문제를 들고 가 일주일을 고민했다. 고등학교 시절 기하학 성적이 좋았던 아이들이지만, 이와 비슷한 문제를 풀어본 적은 한 번도 없었다. 다음 수업 시간에 정답을 가져온 학생은 한 명도 없었다. 나는 테이블 위에 가위, 테이프, 실, 자를 비롯해 두루마리 휴지를 다 쓰고 남은 도화지 원통 10개를 준비했다. 수업은 다음과 같이 진행되었다.

- 조를 이룬 학생들은 자를 활용해 원통을 가로로 4등분했다. 4등분을 결정하는 가로축 지점 하나하나(총 3개)에 펜 끝을 대고 원통을 빙 둘러 원통을 네 구역으로 나눈다.
- 각 조에 속한 학생 하나는 기다란 실 하나를 쥔 다음 원통을 그림과 같은 모양으로 팽팽히 두르기 시작한다. 다른 조원은 실이 흐트러지지 않도록 테이프로 고정한다. 이제 문제에 나온 그림과 똑같은 원통을 만들었다.
- 다음에는 가위로 원통을 세로로 자른다. 그다음 원통을 평평하게 누른다. 실 전체가 원통의 표면에 나타난 채로 눌러야 한다. 원통이 평평해지면 대각선으로 붙어 있는 실 또한 직선이 된다. 실의 길이는 삼각형의 빗변의 길이에 해당한다.
- 삼각형의 다른 두 변의 길이는 쉽게 알 수 있다. 세로변 길이는 원통 둘레의 2분

의 1이고, 가로변 길이는 원통 가로 길이의 4분의 1이다. 그렇다면 빗변의 길이는 중학교 1학년이 배우는 피타고라스의 정리로 계산할 수 있다.

원통을 자르는 것은 문제를 풀기 위해 꼭 필요한 과정이다. 물론 문제에서는 원통을 자르라는 말이 없다. 하지만 마찬가지로 원통을 자르지 말라는 말도 없다. 기하학을 파고들 필요 없이 가위, 실, 테이프로 충분히 답을 낼 수 있다. 이처럼 사고력, 상상력, 기발한 발상(이 사례에서는 원통)을 요구하는 시험이 필요하다. 한 가지 정답을 요구하지 않고, 우리가 살아가는 현실에서처럼 다양한 해결방안을 인정하는 시험도 좋다. 보통은 수학과 무관한 가치로 간주하지만, 이처럼 약간의 유연성을 보여달라는 주문도 가능하다.

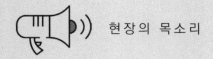

현장의 목소리

대학에서 생물학을 연구하고 있지만, 단 한 번도 두 삼각형이 일치한다는 사실을 증명해야 할 일이 없었어요. 삼각형을 두고 논리적으로 생각할 수 있다면 모든 것을 논리적으로 생각할 수 있다고 하지요. 하지만 말도 안 되는 소리예요!

문학, 역사, 정치, 음악과 달리 수학은 일상의 삶과 거의 연관이 없어요. 수학 교수로서 하는 말입니다.[12]

고교 수학을 10년간 가르쳐 왔지만, 떠오르는 유일한 질문은 모든 학생이 유리식을 간단히 하는 방법이나 이차방정식의 해법 같은 걸 알아야 하느냐는 것입니다.

수많은 학생이 수학부에서 제공하는 수학에서 낙제하고 있습니다. 이러한 낙제생들을 가르칠 대안을 찾아야 합니다.

수학이 경쟁 학문보다 우리 삶에 도움이 될까요? 나도 수학자이지만, 이를 증명하는 것은 대수학을 옹호하는 사람들 몫이라고 생각합니다.

수학을 가르치는 교육자로 40년을 살아왔지만, 이러한 대수학의 저주에 발목 잡힌 유능한 인재들을 너무나 많이 봐왔습니다. 대수학을 성공의 묘약인 양 밀어붙이는 사람들 때문에 너무나 많은 학생을 잃고 있습니다.

나는 산수에서 미적분까지 가르치는 교사이지만, 프로그래밍, 통계, 금융이 대부분 학생에게 더욱 유익하다고 생각합니다. 대수학은 체계적인 사고력을 가르치기 위한 '유일한' 수단이라고 할 수 없지요.

제가 중학교 교사인데, 과도한 수학 교육 과정을 소화하지 못해 낙제한 학생들이 제가 아는 사람만 해도 족히 200명은 될 것 같아요.

11장

통계 해석에 필요한 상상력

우리 대부분은 통계에 끌린다. 통계가 친근한 모습으로 다가온다면 더욱 끌리기 마련이다. 그래서 〈USA투데이〉도 첫 페이지를 다음과 같이 장식한다.[1]

- **미국에서 반려견이 잠자는 장소:** 42퍼센트는 주인의 침대 위, 33퍼센트는 침실 바닥, 22퍼센트는 별도의 방, 3퍼센트는 실외.
- **가계 부채의 주요 원인:** 주택과 자동차 구입 25퍼센트, 신용카드 21퍼센트, 대학 학자금 12퍼센트, 의료비 12퍼센트.
- **좋아하는 양념:** 케첩 47퍼센트, 겨자 22퍼센트, 마요네즈 20퍼센트, 살사와 기타 양념 11퍼센트.
- **지폐의 평균 수명:** 1불 18개월, 5불 2년, 10불 3년.

이러한 통계는 〈뉴욕타임스〉의 '선데이 리뷰'에서 좀 더 진지한 분위기로 등장한다.[2]

- **17.2퍼센트:** 2012년 GDP에서 의료비가 담당하는 비율
- **44,000개 이상:** 2013년 비만 관련 기사 개수
- **9.39불/ 7.25불:** 1968년 최저임금 실질 가치/ 2013년 최저임금 실질가치
- **최대 27,000개:** 1999~2010년 사이 낮은 강설량으로 줄어든 스키 관련 직업

존 앨런 파울로스는 재치 있는 저서를 통해 수리력numeracy과 비수리력innumeracy이라는 개념을 소개했다.[3] 그는 이 개념을 활용해 독해력literacy을 설명하며, 많은 사람에게 부족해 보이는 두 가지 역량을 비교했다. 미국수학협회는 계량 독해력quantitative literacy이라는 개념을 선호한다. 이 개념에는 뭔가 더 학술적인 느낌이 묻어나지만, 본질은 같다. 2등을 용납하지 않는 하버드 교수들은 모든 졸업생이 고도의 지적 능력을 가리키는 계량적 추론에 능숙하길 바란다. 이 내용은 뒤에서 더 자세히 다루겠다.

실제로 사람들은 집안일이나 흥미로운 일과 관련한 숫자에 능숙하다. 스포츠팬은 선수들의 '통계'를 분석하고, 확률을 계산하고, 내기에 참여하고, 환상의 팀에 내기를 걸 액수를 가늠한다. 스도쿠 게임에 숫자를 적고 생활비를 맞추기 위해 할인권 금액을 계산하기도 한다. 나는 내 수리학 수업 시간에 각양각색의 재능을 지닌 학생들이 통계에 능숙해지는 변화를 경험했다. 놀라운 일은 아니다. 숫자는 언어이며, 우리

가 모두 일찍부터 기초를 배우고 있다. 하지만 숫자를 계산에 활용한다면 어떤 결과물을 얻을 수 있는지 확실히 알 필요가 있다. 재산과 소득의 규모를 어떻게 측정하고, 신뢰할 수 있는 자료가 무엇인지를 알아야 경제적 불평등을 유의미하게 분석할 수 있다. 지금부터 구체적인 방법을 보여주려 한다.

독해력이 필요하다

2013년 어느 날, 〈뉴욕타임스〉의 사설을 읽은 독자들은 크게 놀랐다. "방 크기와 양탄자의 제곱야드당(1제곱야드=약 0.25평 혹은 9제곱피트 — 편집자) 가격을 바탕으로, 방에 깔 양탄자 가격을 계산할 수 있는 미국 성인은 18퍼센트에 불과하다."[4] 이 말이 사실이고, 단지 직사각형 넓이를 계산하는 문제라면 성인의 82퍼센트가 양탄자 가격을 제대로 산정하지 못한다는 것은 부끄러운 일이다. 우리 시대를 살아가는 대부분 성인은 고등학교에서 대수학과 기하학을 배웠지만, 이처럼 초등학교 수준의 산수도 응용하지 못하고 있다.

하지만 현실을 한탄하기에 앞서, 성인들의 82퍼센트가 풀지 못한 문제가 무엇인지 알아보자. 이 문제는 최근 교육부에서 시행한 성인 독해력 조사에 등장했는데, 이 조사는 성인들의 계량적 능력도 함께 평가하고 있다.[5] 중앙에는 광고가 등장하고, 하단에 문제가 나와 있다. 출제된 그대로 문제를 옮겨보겠다.

더 카펫 스토어

뒤퐁 스테인마스터 양탄자
41퍼센트 할인

관리가 편한 뒤퐁 양탄자 대폭 할인.
다채로운 색상을 마음껏 골라보세요. 정가 15.99불

9.49불
제곱야드 당,
충전재 포함 가격

● 1제곱야드 = 약 0.25평, 9제곱피트

1주일 한정! 모든 스타일, 모든 컬러 해당
스테인마스터 라인

세로 9피트(약 274센티미터), 가로 12피트(약 365센티미터)
인 방에 양탄자를 깔아야 한다. 뒤퐁 스테인마스터 양탄자
를 할인가에 구할 수 있다면, 방바닥에 양탄자를 까는 데
총 비용은 얼마가 들까? 세금과 인력비용은 제외한다.

실생활에서 자주 경험하지만, 이 문제를 풀려면 수리력만큼이나 독
해력이 필요하다. 이 문제는 처음부터 표현이 헷갈린다. 우선 정가
9.49불을 41퍼센트 낮추어야 하는지부터 고민해야 한다. 그렇다면 야
드 당 가격은 5.6불로 떨어진다.

하지만 이 문제를 그렇게 해석하면 곤란하다. 애당초 정가는 15.99
불이었으므로 9.49불은 41퍼센트 '할인된' 결과가 이미 반영된 가격이

다. 이런 실수를 한 사람도 오답률 82퍼센트에 이바지한다.

함정은 더 있다. 방바닥 둘레는 피트 기준이지만, 양탄자의 가격 단위는 야드 기준이다. 따라서 9에 12를 곱해 방바닥 면적을 108제곱피트로 계산했다면 첫 관문을 통과한 것이다. 그다음으로는 108제곱피트를 12제곱야드로 환산할 수 있어야 한다. 그러려면 제곱피트와 제곱야드의 비율을 알아야 한다. (정답은 12제곱야드×9.49불=113.88불이다.)

양탄자 문제의 높은 오답률은 '왜' 이리 오답률이 높은지의 의문으로 이어진다. 실제로 계량적 추론 능력을 향상하려면 계산 능력뿐 아니라 세심한 독해력을 강조해야 한다. 아울러 방금 소개한 문제는 고등수학이 아닌 초등학교 수준의 산수로 충분히 풀 수 있다.

이 시험에서 실험 대상으로 선정된 성인 중에 52퍼센트가 난방유 배달 서비스의 할인 가격을 맞췄고, 69퍼센트가 소득 불일치를 보여주는 그래프를 정확히 해석했다. 하지만 이 두 문제에는 단위 변환과 같은 함정이 없었다. 그런데도 이 두 문제만 52퍼센트와 69퍼센트의 성공률을 기록했다는 것은 우려를 자아내기에 충분하다.

양탄자 문제는 기하학과 대수학을 통해 겉으로 배운 논리가 제곱피트와 제곱야드를 구분하는 데 별 도움이 되지 않는다는 현실을 보여준다. 연산 능력을 연마하는 데 투자할 수 있었던 시간과 노력이 점근선과 유리수 지수 등, 미래의 수학 전공자들이나 다루게 될 개념을 공부하느라 낭비된다. 애리조나 대학교의 수학 교수, 데보라 휴스 할렛은 이러한 현실을 다음과 같이 지적한다. "난도 높은 수학을 공부했다고 해서 높은 수준의 계량 독해력을 갖게 되는 것은 아닙니다."[6]

통계학적 사고의 핵심

　이번 장에서는 두 종류의 통계를 다룬다. 하나는 공공 통계public statistics이고, 다른 하나는 학문 통계academic statistics이다. 공공 통계는 나 자신 또는 내 주변과 얽힌 숫자를 다룬다. 초반에서 언급한 것처럼, 개인 채무의 21퍼센트가 학자금 대출이라거나, 2012년 GDP의 17퍼센트가 의료 관련 수입이라는 정보 등이다. 초등학교 6학년 수준의 산수를 습득하고, 미심쩍은 자료나 사고의 편견을 의심할 정도의 능력만 갖추면 공공 통계를 이해하고 활용할 수 있다.

　한편 학문의 갈래로 간주할 수 있는 통계를 지칭하려면 학문 통계라는 용어를 사용해야 한다. 고등학교와 대학교에서도 점차 학문 통계를 가르치는 시간이 늘고, 대학원 세미나나 학계에서도 이러한 통계를 많이 다루고 있다. 학문 통계는 나름의 방법론과 명성을 추구해온 교사나 교수, 학자의 영역이다. 이들 대부분은 첫 발걸음을 수학으로 시작했고, 그들이 연구하고 가르치는 분야에서 수학은 핵심적이고 필요불가결한 요소다. 학문 통계를 연구하는 압도적 대다수는 학문적 권위나 지위를 중시하는 탓에 산수만으로 충분한 분석 방법을 무시한다.

　다음은 캘리포니아 버클리 대학교 수학 교수 에드워드 프렌켈이 한 말을 요약한 것이다. 그는 내가 쓴 글을 읽고 나서 다음 글을 기고했다. (한 가지 주지하자면, 나는 대수학 교육을 옹호하면서 동시에 대안을 제공하자고 글에서 주장했다.)

최근 논문에서 앤드류 해커는 정규 교육 과정에서 대수학을 빼고, 그 대신 소비자물가지수CPI 계산 방법을 가르치자고 제안했다. 해커가 철저히 간과한 것으로 보이는 부분은, 고등 대수학을 비롯한 모든 주요 수학 분야를 깊이 이해해야 소비자물가지수를 계산할 수 있다는 점이다.[7]

내가 학생들에게 소비자물가지수를 어떻게 가르치는지 잠시 말해보겠다. 나는 미국통계협회장을 역임한 플로리다 대학교의 리처드 쉐퍼로부터 힌트를 얻었다. 그는 이렇게 말했다. "통계학적 사고의 핵심은 현실 문제의 맥락을 파악하는 데 있습니다. 또한 문제를 해결하기 위해 데이터를 어떻게 수집하고 분석하는지 알아야 합니다."[8]

1994년과 2012년의 CPI 지수를 비교하면서, 나와 학생들은 해당 연도에 가계들이 어디에서, 어떻게 돈을 쓰는지에 초점을 맞췄다. 우리는 과일과 채소(36퍼센트 감소)에서부터 개인 의료 서비스(118퍼센트 증가)에 이르기까지 45개의 카테고리를 관찰했다. 개인과 사회 변화를 분석하기 위해 숫자를 자유자재로 사용하려는 목적이었다. 자신의 해석을 지지하는 숫자를 인용하는 것이 토론 규칙이었다. 한편으로는 술(40퍼센트 감소)에서 씀씀이가 줄었고, 다른 한편으로는 대부분의 설탕 첨가 음료(18퍼센트 증가)에서 상승세를 목격했다. 각각의 숫자가 파악된 지금, 이러한 변화를 어떻게 설명할 수 있을까?

앞서 살핀 것처럼, 프렝켈은 소비자물가지수를 전혀 다른 시각에서 보고 있다. 그는 복잡한 방정식에 흥미를 느꼈다. 데이터를 생성하고, 생성한 데이터를 최신으로 유지하는 방정식은 다음과 같다.

$$PC_{연간} = [(IX_{t+m} \, / \, IX_t)^{12/m}-1] \times 100$$

이 방정식은 냉동식품에서부터 주택담보 대출 상품에 이르기까지 물가상승률을 분석하기 위해 활용된다. 그의 시각에 따르면, 이러한 방정식을 분석할 대수학을 소화하지 못하면 소비자물가상승률을 활용할 수 없다.

여기서 문제는 무엇일까? 프렝켈은 CPI를 산정하고, 최신으로 유지하기 위한 수학 논리를 말하고 있다. 나는 이러한 노력을 인정하고 높이 평가하면서도, CPI에 나오는 숫자를 우리 자신과 사회를 더 잘 이해하는 방향으로 활용하고 싶다. 나는 학부생에게 고급 방정식을 가르쳐서 뭘 얻고자 하는지 잘 모르겠다. 이런 방정식에 숙달하면 펩시콜라가 버드와이저를 어떻게 잠식해가는지 토론하는 데 도움이 될까? 컴퓨터 화면 밑에 숨은 칩과 회로를 연구해야 노트북 컴퓨터를 제대로 활용할 수 있다고 말하는 사람은 없을 것이다.

재무 독해력이 필요한 순간

필라델피아에서 열린 2013년 미국수학교사회 정례회의에 참석한 적이 있었다. 전국 각지의 고등학교와 대학교에 재직하는 수학 연구 인력이 모여 아이디어와 혁신 방안을 활발히 논의하는 대규모 회합이었다. 여기에서 계량적 재무독해력Quantitative Financial Literacy이라는 세션이 인상적이었다. 활기 넘쳤던 이 세션은 최근 뉴욕 고등학교에서 시도한 수업을 재현하고 있었다.[9] 이 수업은 "모든 학생에게 3~4년 차 수학 과정을 완벽하게 제공합시다!"라고 강조했다. 모든 학생이 4년 차 수학 과정을 공부할 수는 있지만, 이들이 전부 미적분에 숙달할 수는 없다. 이에 수업에서는 다양한 '실생활 응용사례'를 대안으로 제시했다. 예금의 이자 계산이나 원천세율 계산, 자동차 감가상각비를 계산하는 문제 등이다. 아주 그럴듯한 이야기로 들린다. 하지만 잘 보면 거대한 맹점이 도사리고 있다. 이른바 '실생활 교육'의 실례를 살펴보자.

휴대전화 비용

휴대전화 서비스에는 매달 기본요금이 부과되며, 무료 통화 몇 분이 포함된다. 분당 부과되는 이용 요금은 다음과 같다.

하단의 구간별 함수는 휴대전화를 이용한 분당 요금을 나타낸다. 분 단위로 떨어지지 않는 초 단위의 초과 시간은 1분으로 간주한다. (x 변수는 분 기준 이용 시간, f(x)는 요금)

$$F(x) = \begin{cases} 40 \ (x \leq 750 \text{인 경우}) \\ 40 + 0.35(x-750) \ (x > 750 \text{이고 } x \text{가 정수인 경우}) \\ 40 + 0.35([x-750] + 1) \ (x > 750 \text{이고 } x \text{가 정수가 아닌 경우}) \end{cases}$$

이 구간별 함수를 해석해 휴대전화 요금의 부과 정책을 설명하라.

웃어야 할지 울어야 할지 모를 지경이었다. 이른바 '웃프다'는 말이 딱 어울렸다. 고객이 휴대전화 요금을 확인하려면 위와 같은 방정식을 이해할 수 있어야 한다고 정녕 생각하는 걸까? 세션 마지막에, 나는 발표자를 상대로 왜 '재무 독해력'을 다루는 여러 수업에서 중급 이상의 대수학을 요구하는지 물어보았다. 어떤 발표자가 이렇게 대답했다. "그래야만 이 수업이 수학 강좌로 승인될 수 있으니까요." 이를 보면 학문 통계는 종사자의 자위 수단에 그치지 않고 산수를 활용한 효율적인 방식마저 회피하고 있다. 산수를 활용하는 방법은 일반 수리력의 관점에서 효율적이고 응용하기 쉬운 수단인데도 말이다.

통계 선행 과정에서 출제되는 문제

우리는 자녀가 지성과 사고력을 갖춘 성인으로 성장할 거로 기대한다. 그것이 학교의 역할이며, 정규 교육 과정에는 교통 규칙, 성교육 등의 기본적인 소양 교육과 마찬가지로 통계도 포함된다. 2013년에는 169,508명의 고등학생이 대학 수학 과정을 미리 이수했다.[10] 2003년도의 58,230명보다 세 배나 늘어난 수치다(통계에 관한 통계라고나 할까?). 이러한 증가세가 지속한다면, 통계에 능숙한 시민의 세상이 곧 도래하리라고 자평할 수도 있을 것이다.

앞서 내가 제안한 여러 방법이 현실에서 이루어지는 것처럼 보일 수 있다. 그래서 나는 좀 더 깊이 연구하기로 마음먹었고, 소속 칼리지 인근에 자리 잡은 명문 고등학교의 선행 통계 수업Advanced Placement Statistics(미적분학에 기반을 두지 않은 대학 입문 통계학 과목 — 편집자)을 참관했다. 모든 선행AP 통계 수업의 커리큘럼은 동일했다. 수업 계획표를 마련하기 위해 교수 위원회가 칼리지보드에 참여했고, 이 칼리지보드에서 커리큘럼을 기안했기 때문이다.

모든 수업이 획일적인 이유는 기말에 똑같은 시험을 봐야 하기 때문이다. 생각해보면 이 시험의 주된 목적은 고급 과정으로 직행하는 학생을 선별하는 것이다. 한편, 우수한 학생은 입학사정관에게 자랑스러운 성적표를 보여줄 수도 있다. 다음은 선행 통계 수업의 전형적인 시험 문제를 소개한다.

귀무가설: $\mu = H$, 대립가설: $\mu \neq 8$, 표본 크기는 220이며 p-value는 0.034다. 다음 항목 중 맞는 것은?

(a) $\mu=8$은 95퍼센트 신뢰구간에 들어오지 않는다.

(b) 5퍼센트 수준에서 H가 기각된다면 2종 오류의 확률은 0.034다.

(c) $\mu=8$은 95퍼센트 신뢰구간의 중간값이다.

(d) 귀무가설은 5퍼센트 수준에서 기각되지 않는다.

(e) 이 표본 크기로는 95퍼센트 신뢰수준에 따른 결론을 이끌어낼 수 없다.

정답은 (a).

시험 문제가 이런 식이다 보니, 169,538명의 학생이 응시한 2013년 시험에서 합격선 이상의 성적을 받은 학생의 비율은 58퍼센트에 그쳤다.[11] 한편으로 이 과정은 경쟁력 있는 칼리지를 지망하는 학생에게 제공하는 선택 수업이다. 그렇다면 이렇게 높은 난도를 유지해 얻고자 하는 바는 과연 무엇일까? 이러한 질문에 대한 일반적인 답변은 '합격선을 높여 엄격한 교육 수준을 유지한다' 정도로 생각한다. 당연히 통과자가 극소수인 시험도 있기 마련이며, 학생들은 이러한 시험이 많다는 사실을 이미 알고 있다. 하지만 지금 우리는 학생의 교육을 맡길 학교를 이야기하고 있다. 적어도 42퍼센트의 낙제율에 별문제가 없다고 생각하는 사람들은 그렇게 생각하는 이유를 알려주어야 한다. 아울러, 커먼코어 시험의 수학 채점 방식을 결정하는 인력 또한 이러한 이슈를 검토할 필요가 있다.

통계학 마피아에 굴복하다

카네기교육진흥재단은 미국 내 1,191개의 커뮤니티 칼리지의 요구사항을 알게 되면서 경악했다.[12] 모든 칼리지는 공통으로 한 가지를 요구했다. 입학생은 정규 과정을 시작하기 전에 표준화된 수학 시험에서 일정 점수 이상을 획득해야 했다. 하지만 입학생 중에 60퍼센트가 합격선을 넘기지 못하고 교정 수업을 받고 있었다. 설상가상으로, 이러한 예비과정에 낙제한 학생과 정규 과정을 시작하고서도 수학에 낙제한 학생을 합하니 전체 학생의 80퍼센트에 육박했다. 이처럼 그들 모두는 대수학의 관문을 통과하지 못해 대학 문턱에서 좌절하고 있었다.

이에 카네기재단은 워싱턴주에서 플로리다주에 이르기까지 19개의 커뮤니티 칼리지를 선택해 대안을 제시했다. 칼리지들은 수학 성적이 시원찮은 입학생에게 보충 교육 대신, 카네기재단이 고안한 '스탯웨이 Statways'라는 수업을 제공했다. 재단 측은 이 수업을 예비 통계학 과정으로 기획했다. 재단 측에서 강의 전담 인력 유지에 필요한 모든 비용을 제공했고, 한 강좌 당 수강생을 20명 이하로 제한했다. 2011~2013년의 두 학기에 걸쳐, 총 1,817명이 프로젝트에 참여했다.

나는 2010년에 등장한 스탯웨이에 깊은 인상을 받았고, 이 과정에 대한 기대감이 컸다. 미국의 고등교육 전문지 〈크로니클 오브 하이어 에듀케이션〉은 스탯웨이가 그토록 부담스러운 "수학의 보충 교육 문제를 해결하기 위한"[13] 열망의 표출이라고 소개했다. "통계적 추론이 일상에서 어떻게 필수로 자리 잡고 있는지"를 보여줌으로써 "새로 기획한 통계적 방식은 멋진 대안을 제공"했다고 전했다. 이른바 '시민을 위한 통계'는 내가 오래전부터 듣고 싶었던 말이다. 그래서 나는 스탯웨이가 만들어 낸 결과물을 목이 빠지게 기다렸다.

4년 후, 카네기재단은 스탯웨이에 관한 보고서를 배포했다. 가장 충격적인 것은 다음과 같은 결과였다. 1,817명의 학생 중에 겨우 920명, 딱 절반이 C 이상을 받아 합격선을 넘었다. 나머지는 D나 F를 받아 합격선을 넘지 못했거나, 학기 중에 중도 탈락했다. 물론 보충 교육에서 탈락하는 비율보다는 조금 나은 결과였다. 하지만 카네기재단의 실험은 강좌 당 수강생도 적고, 전문가의 지원 아래 면밀한 관리를 거쳤다. 대체 어찌 된 영문일까?

답을 찾기란 어렵지 않았다. 왜 그랬는지는 몰라도, 카네기재단은 수업계획표를 《통계 교육의 평가와 가르침을 위한 가이드Guidelines for Assessment and Instruction in Statistics Education》에 따라 작성했다.[14] 이것은 종합대학의 정교수급 인력들이 이끄는 미국통계협회에서 책 두 권 분량으로 발표한 가이드라인이다. 가이드라인에 나오는 몇 가지 말은 꽤 일리 있어 보인다. "학생이 흥미를 느끼는 현실 데이터를 활용하면 이와 관련한 통계적 개념을 쉽사리 이해할 수 있다." 보통, 통계는 이러한 "현실 데이터"를 담고 있기에 이론 수학과 차별화된다. 하지만 이렇게 학생의 흥미를 언급하는 다정다감한 말투는 가이드라인의 극히 일부만을 구성한다. 가이드라인의 주된 관심사는 학문 통계의 영역을 강화하는 것이다. 여기 카네기재단 측 커뮤니티 칼리지 신입생이 숙달해야 할 문제를 소개한다.

- 이원배치표 상의 카이제곱 동질성 검증
- 최소제곱 회귀분석의 특질
- 지수형태의 선형다중표상

한 마디로, 고군분투하는 학생을 위해 마련했다는 대안은 전형적인 학문 통계 수업으로 전락했다. 통계학 마피아가 선포한 내용에 착실히 따른 셈이다. 하지만 왜 카네기재단은 주류 세력을 따라간 것일까? 학계 입김에서 완전히 벗어나 있는 그들이 고유한 교육 체계를 개발하지 않고 학계의 자기중심적인 지침을 수용한 것은 당혹스러운 일이다. 또 하나 실망스러운 것은 커뮤니티 칼리지에 그토록 치명적인 수학적 장애물을 당장 폐기하라고 채근하지 않았다는 사실이다. 그랬다면 아주 흥미로운 실험이 되었을 것이다. 결국, 카네기재단이 받아든 성적표는 처참한 수준이었고, 구명보트처럼 내세운 그들의 실험은 절반의 학생밖에 구하지 못한 초라한 결과로 만족해야 했다.

하버드에서 학제 간 통합 연구를 하기 어려운 이유

몇 년 전, 하버드 대학교는 모든 학생에게 기초적인 '계량적 추론'이 가능할 정도의 지식을 제공하겠다고 다짐했다(최소한 서류상으로라도). 나는 계량적 추론이라는 문구가 마음에 든다. 계량적 독해력과 비슷하면서도 더욱 이지적인 분위기를 풍기기 때문이다. 그래서 나는 하버드의 교수들이 어떻게 이 계획을 펼쳐 나가는지 살펴보았다.

하버드가 교과 간 통합 과정이라는 큰 그림을 그린 최초의 대학은 아니었다. 컬럼비아 대학교의 학부는 오랜 기간 이러한 과정을 유지해왔다. 모든 학생은 '동시대 문명Contemporary Civilization'이라 불리는 이 과정을 반드시 이수해야 한다. 이 수업은 여러 과목을 넘나들므로, 각 학과의 여러 교수가 참여한다. 아침 수업에 들어가 보면 경제학과 교수가

《맥베스》토론을 주도하고 있다. 건너편 강의실에서는 심리학과 교수가 청교도 전쟁을 분석 중이다. 여기에는 예술과 과학에 정통한 교수가 문명이라는 주제를 가르쳐야 한다는 정신이 깔려 있다. 마찬가지로, 애머스트 칼리지의 2학년생은 '지구와 인간의 진화'라는 과목을 반드시 들어야 한다. 이 과목은 천문학, 지질학, 생물학 교수가 돌아가며 가르치고 토론 과정을 주도한다. 학생들은 이러한 협업 덕분에 경계를 허문 강의를 경험할 수 있다.

하버드에서 이러한 수업 방식을 도입하지 못할 이유는 없어 보인다. 하버드가 컬럼비아와 애머스트의 방식을 따른다면, 같은 틀을 유지하며 다양한 학과의 지혜를 취합할 수 있을 것이다. 하지만 안타깝게도, 하버드에서 그러한 제안은 설 자리가 없다. 하버드에서는 정교수에게 내키지 않는 일을 강요하지 못한다. 이러한 폐쇄성은 종종 학문의 자유에서 핵심 요소인 듯 보인다. 많은 교수가 계량적 추론의 필요성에 동의했더라도, 이를 가르치는 데 힘을 보탤 생각은 없는 것 같다.

모든 학부생이 똑같이 들어야 할 단일 '계량적 추론QR 201' 과정 따위는 없다. 대신, 최근에 내가 수집한 자료를 보면 총 53개 과정이 이 요건을 충족하고 있다. 직접 계산해 보니 이 중 44개 강좌는 수학과에서 오랜 기간 제공해온 기존 과목이었다. 절반 이상은 '고급 추상 대수학', '다변량 미적분'을 비롯한 수학 강좌였다. 이런 과목은 실제로 계량적 독해력이나 계량적 추론과 아무 연관성이 없었다.

컴퓨터 과학부, 공학부, 물리학부의 기존 강좌도 승인을 받았고, 경제학, 행정학, 사회학부에서도 전공 과정에 이미 마련된 강좌를 QR

201 목록에 추가했다. 하지만 자세히 보면 이 강좌들은 매우 수학적이거나, 특화된 연구에나 적합할 뿐 대부분 하버드 졸업생이 실생활에서 접하게 될 숫자와는 동떨어져 있었다. 다른 교수들은 이미 개설 중인 귀납 논리 강좌나 컴퓨터 프로그래밍 강좌를 변형한 수준이었다.

내가 보기엔 하버드 교수들이 새로 개설한 강좌에서 계량적 추론의 본질에 근접한 강좌는 5개뿐이었다. 한 통계학 교수는 '행복(또는 불행)을 위한 기회'라는 강좌를 개설했다. 이 강좌는 부유하거나 가난해지고, 외롭거나 사랑받고, 좌절하거나 만족하게 하는 여러 현실의 이면에 깃든 숫자와 관련한 것을 가르쳤다. 한 천문학 교수가 개설한 '계량적 정보의 시각적 표현'은 더욱 특화된 강좌로서 아름다움과 정확성의 상호작용을 다뤘다. 한 철학 교수는 '확률은 얼마일까?'라는 강의를 개설해 리스크, 통계적 추론, 상관관계와 인과관계가 어떻게 다른지를 다뤘다. 철학, 언어학, 컴퓨터 과학 교수들이 합동해 '언어, 사고, 논리학의 이해'를 개설했다. 컴퓨터 과학자가 개설한 5번째 강좌는 '수량, 자원, 특질로서의 정보'였다. 이 다섯 강좌 모두 계량론 전체를 다루지는 못하지만, 좋은 강좌를 마련하려는 교수들의 열정이 깃들어 있었다.

하지만 이러한 강좌는 53개의 QR 관련 강좌 중에 5개뿐이었다. 나머지는 기존에 있던 강좌로, 이름만 바꾼 강의도 있었다. 하버드에서 새 QR 강좌를 개설하는 일은 쉽지 않은 싸움이다. 연구 중심 대학에서 두드러지는 문제는 교수들이 기성 체제에 매여 있다는 점이다. 교수들은 기존 체제 속에서 경력을 쌓고 명성을 만든다. 기성 학계로부터 자유로운 강좌를 만들려면 엄청난 자신감이 필요하다. 모든 교수에게 이런 자신감이 있는 것은 아니다. 종신 교수들조차 비학문적으로 보일까 봐, 인기를 끌어야 해서, 너무 단순해 보일까 봐 걱정한다. 동료 교수가 대럴 허프의 유쾌한 고전 《새빨간 거짓말, 통계》(더불어책 역간)를 기반으로 강의했다는 소식이 퍼지면 교수 사회에서 어떤 말들이 오르내릴지 상상해보라.

모든 것을 종합하면, 하버드의 전임교수 1,334명 가운데 38명만이 계량적 추론 관련 수업에 참여하기로 한 것은 놀라운 일이 아니다. 수학과에서는 교수 94명 가운데 2명만이 QR 팀에 참여했다. 게다가 그들은 그들의 강좌를 듣기 위한 필수 사전 조건으로 대수학 강좌를 내세웠다. 분명 동료 교수의 눈치를 본 처사였으리라. 교수들이 이렇다 보니, 하버드 교내 신문 〈크림슨〉이 계량 수업을 "하버드 인문학도들의 최대 악몽"[15]으로 묘사한 것도 충분히 이해할 수 있다.

일상을 관찰하라

수학과 마찬가지로, 통계학의 스승들은 학문의 순수성 유지를 자기 사명으로 생각한다. 그들은 이 분야를 아주 고귀한 학문으로 유지하고 싶어 한다. 그들이 원하는 것은 칼리지 졸업생이 실생활에서 마주치는 통계를 훨씬 뛰어넘는 수준이다. 그들에게 통계란 이처럼 높은 수준에서 가르쳐야 하는 학문이다.

나 자신도 학문 통계를 존중하며, 연구 과정에서 학문 통계를 많이 활용한다. 지니 계수를 이용해 소득 분배 수준을 비교하고(노르웨이 0.260, 미국 0.410) 피어슨 계수를 활용해 각 국가의 수학 성적과 영아 생존율의 상관관계를 분석했다(상관계수는 −0.093으로 아무런 상관관계가 없는 것으로 드러났다). 하지만 내가 이런 공식을 직접 계산하는 것은 아니다. 숫자를 웹사이트에 입력하고 결과를 기다리면 된다(물론 결과치가 합리적인지 가늠할 수 있으려면 데이터에 익숙해야 한다).

많은 사람이 공공 통계에 능숙해지기 바란다면, 최소제곱 회귀분석과 선형다중표상의 전문가가 되라고 요구해서는 곤란하다. 그보다는 실생활에서 일어나는 일을 관찰해야 한다. 지역 신문이 미국 각 주의 의료비 비교표를 기사에 실었다고 해보자. 이러한 숫자들은 흥미로운 정보를 전달한다. 하지만 이 기사를 보며 통계 수업에 필요한 "$H_0{:}\mu=H{:}H_a$"을 응용할 독자는 없을 것이다.

그렇다면 왜 통계학 마피아는 고등학생에게조차 그토록 학술적인 수업 계획표를 강제하는 걸까? 그들의 지위와 학문적 순수성을 유지하기 위해서다. 통계에 능숙해지기 위해 산수로 충분하다면, 그들의 학문적 위상이 흔들릴 수도 있다. 수학 4년 차 교육에서 학문 통계를 가르치는 고등학교 또한 마찬가지다. 어떤 경우건, 교육자의 위신을 위해 학생의 요구가 희생되고 있다.

감각적 **수리능력** 키우기

2013년 가을, 나는 한 가지를 제안하려고 우리 학교 수학과를 찾아 갔다. 학생 대부분은 예비수학 과정을 들어야 한다. 나는 계량적 추론에 초점을 맞춘 실험적 차원의 수업을 가르치겠다고 제안했다. 주로 산수 수준의 숙제를 내주겠지만, 엄격하게 숙제를 관리하겠다고 공언했다. 통계의 활용과 분석을 비롯해 숫자에 익숙하게 하는 것이 수업의 목적이었다.

그 결과 정치학 교수에 더해 수학 교수로서의 경력이 따라붙었다. 뉴욕 벨뷰 종합병원에서는 인턴들이 실습을 위해 환자를 직접 다룬다. 이와 마찬가지로 내 수업의 시행착오를 기꺼이 받아준 학생들에게 감사하는 마음이다. 수업에서 다룬 내용을 몇 가지 소개한다.

우선 두 단어를 칠판 위에 적었다.

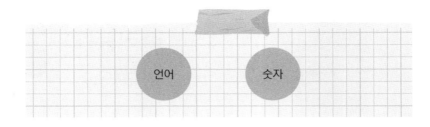

언어   숫자

생각하고, 소통하고, 표현하기 위해서는 언어와 숫자를 같이 사용하는 것이 유용하다. 난 그래서 이런 질문을 던져보았다. 어떤 수단을 언제 활용해야 할까? 처음엔 답이 명확해 보인다. 정말 그런 걸까?

사실, 우리는 숫자는 할 수 없지만 언어는 할 수 있는 것이 무엇인지, 혹은 그 반대는 무엇인지 멈춰 서서 생각해본 적이 드물다. 예컨대 친구 하나가 "열이 너무 심해!"라고 말했다. 이 말은 체온이 39.7℃가 넘는다는 말인가? (억양이나 어조를 들을 수 없다면 더욱 판단하기 어렵다.)

우리가 흔히 사용하는 다음 단어들, 가령 '일부some', '적은few', '많은many', '대부분most', '몇몇several' 등을 생각해보자. 대부분most이라는 단어는 형식상 50.1퍼센트에서 99.9퍼센트의 범위를 지칭해야 한다. 하지만 아래로 내려갈수록 '거의 절반'이라는 표현을, 위로 갈수록 '거의 전부'라는 표현을 선호한다. 그래서 나는 학생들에게 이 용어가 가리키는 범위를 특정해보라고 주문했다. 당연히 학생마다 의견이 달랐고, 서로 설득할 수도 없었다. 아주 흥미로운 광경이었다.

'39.7'이 시사하듯, 숫자는 정확성을 추구한다. 반면 언어는 미묘함, 복잡함, 뉘앙스를 용인한다. 나는 '정성 어린sedulous', '꼼꼼한meticulous', '정확한punctilious'이라는 세 단어를 좋아한다. 실제로 이 세 단어의 의미는 비슷하다. 하지만 이 단어 중 어느 하나라도 없으면 곤란하다. 세 단어의 느낌이 각각 다르며, 각기 다른 환경에서 쓰이기 때문이다. 요리사에게는 '꼼꼼하다'는 평가가 어울리지만, 회계사에게는 '정확하다'라는 표현이 어울린다. 61.8이라는 숫자 자체는 메마르고 무미건조해 보이나, 용법에 따라 다양한 해석이 가능하다. 예컨대 "겨우 61.8퍼센트", "무려 61.8톤"과 같은 표현이 이러한 해석을 대변한다.

다른 질문을 생각해보자. 숫자는 언제, 어떻게 통계로 변할까? 우리는 늘 숫자를 세고 있다. 얼마 전 우체국 앞에서 줄을 섰을 때, 내 앞에 선 사람 8명을 세어보았다. 하지만 우체국 서비스를 연구하지 않는 이상, 이러한 숫자를 가리켜 통계라 부르지는 않는다. 보통, 통계란 특정한 목적을 위해 편집된다. "가공되지 않은" 형태로 배포된다고 할 때도 마찬가지다. 공식 발표에서 그런 식으로 원자료를 소개하지만 사실은 편집된 것이다. 물론 통계를 편집하기에 앞서 원자료는 생성되어야 한다. 해당 자료들은 나무 밑의 호두처럼 채집되기를 기다린다.

나는 강의실을 죽 둘러보았다. 그리고 계산기를 두드린 다음 칠판에 31.6퍼센트라고 적었다. 나는 알쏭달쏭한 눈빛으로 나를 보는 학생들에게 통계 하나가 등장했다고 말했다. 이 숫자는 안경을 쓴 학생 비율이었다. (나를 포함한 19명 가운데 6명으로, 총합이 적어서 32퍼센트로 반올림해야 한다.) 31.6이건, 32이건, 이러한 숫자를 도출하는 것은 교실 안에서 '일부'가 안경을 쓰고 있다고 말하기 위한 사전 단계. 정확성이 담보된다면, 정확한 것이 모호한 것보다 낫다는 데 이의를 제기할 사람은 없을 것이다.

통계에서는 다른 이슈도 등장한다. 어떻게 이런 통계가 가공되었는지, 어디에서 비롯되었는지, 왜 수집되었는지, 얼마나 신뢰할 수 있는지 등등이다. 우리 교실 안에서라면 직접 인원을 세면서 이러한 이슈들을 확인할 수 있다. 하지만 전교생으로 범위를 넓힌다면? 이 경우 직접 세는 것이 불가능하므로, 표본 선정과 확률의 문제가 등장한다. 이 이야기는 추후 다루기로 한다.

시간을 십진법으로 변환한다면

숫자의 주된 용도는 아마도 '측정'일 것이다. 오늘날 우리는 높이와 무게에서부터 교통사고 건수와 돈의 액수까지, 거의 모든 것을 계량화한다.

미터법은 모든 눈금이 10이라는 숫자에 맞추어 기능한다(미국이 아닌 대부분 국가에서는 미터법[혹은 십진법]을 사용한다). 1킬로미터는 정확히 1,000미터다. 다른 측정체계 또한 여기저기서 사용된다. 예컨대 인치, 피트, 야드는 서로 호환되지 않는다. 온스, 파운드, 쿼트, 갤런도 마찬가지다. 아마도 제일 혼란스러운 것은 초, 분, 시간, 일자일 것이다. 나는 이러한 측면을 강조하기 위해 하루의 27퍼센트는 언제냐고 학생들에게 물어보았다. 필요하다면, 연필, 종이, 계산기를 사용하게 했다. 하지만 나는 시간, 분, 초로 정확히 말해주길 바랐다. 우리는 늘 시간을 말하며 살아가지만, 모두가 꿀 먹은 벙어리가 된 채 몇 분이 흘러갔고 정답을 말한 학생은 한 명도 없었다. [●] '하루'만큼 친숙한 대상의 27퍼센트를 계산하는 것도 이토록 많은 노력이 필요했다.

나는 아무도 제안하지 않은 것을 시도해보고 싶었다. 시간을 십진법으로 계산하는 것이다. 시간과 역법에 완전히 새로운 체계를 도입하는 보고서를 작성한다고 생각해보라. 1분을 100초로, 1시간을 100분으로 바꾸는 것에서 시작해 하루 24시간을 하루 10시간으로, 1주를 10일로, 1년을 10개월로 바꾸는 식이다.

이런 질문이 가장 먼저 떠오른다. 이것이 물리적으로 가능한가? 자연은 빛과 어둠의 시간을 허락한다. 이를 가리켜 우리는 낮과 밤이라 부른다. 반드시 한 시간을 60분으로 하라거나, 한 달을 28일, 30일, 31일로 하라는 자연의 법칙은 존재하지 않는다. 우리가 지금 사용하는 시간 체계는 아주 오래전, 우연히 정해졌다. 10일짜리 한 주는 7일짜리 한 주와 똑같이 자연스럽다. 하지만 한 주를 10일로 바꾸면 일상생활을 10일 단위에 맞춰 다시 계획해야 한다는 것은 분명하다.

다음 쪽의 표에는 10진법으로 재구성한 하루가 나와 있다. 100분으로 구성된 한 시간은 지금의 한 시간보다 길게 느껴질 것이다. 지금 기준으로 144분이 한 시간이 될 것이다. 이러한 변화는 우리 일상에 어떤 영향을 미칠까?

10일짜리 한 주는 논란이 될 수 있다. 7일 일하고 3일 쉬고 싶을까? 7일 한 주의 주말 이틀은 28.6퍼센트에 해당한다. 10일 한 주의 주말 3

● 음, 24시간의 27퍼센트는 6.48시간이지. 0.48시간을 분과 초로 계산해볼까? 1시간은 3,600초이니 0.48시간은 1,728초 또는 28.8분이지. 그렇다면 답은 6시간 28분 48초겠네.

현재의 1주일	십진법 1주일
24시간	10시간
1,400분	1,000분
86,400초	100,000초

자정(AM/PM)	자정(AD)
1 AM	
2 AM	1 AD (2:24 AM)
3 AM	
4 AM	
5 AM	2 AD (4:48 AM)
6 AM	
7 AM	
8 AM	3 AD (7:12 AM)
9 AM	
10 AM	
11 AM	4 AD (9:36 AM)
정오	
1 PM	5 AD (정오)
2 PM	
3 PM	6 AD (2:24 PM)
4 PM	
5 PM	
6 PM	7 AD (4:48 PM)
7 PM	
8 PM	8 AD (7:12 PM)
9 PM	
10 PM	9 AD (9:36 PM)
11 PM	

일은 30퍼센트다. 이는 큰 변화가 아니다. 앞서 언급한 것처럼 자연은 한 주가 며칠인지에 아무런 관심이 없다. 학생들은 8일 연속 일하거나 공부할 수 없다는 데 의견을 모았다. 주말에 3일 연속해서 쉬는 것 또한 별로인 분위기였다. 한 학생은 주중에 하루를 쉬는 아이디어를 내놓았다. 우리는 새로 늘어난 세 번째 휴일을 뭐라 부를지 잠시 고민했다. 예컨대 주중에 쉬는 요일에는 '흥요일Funday'이라는 이름을 붙였다.

10개월짜리 1년은 가능할까? 물론이다. 한 달을 36일이나 37일로 설정하면 된다. 여전히 1년은 365일이다. 이는 지금 우리가 사용하는 30일, 31일, 28~29일보다 간단하다. 게다가 현재의 역법은 태음 주기와 정확히 일치하지도 않는다. 보름달은 매달 같은 날 부근에 뜨지 않는다. 한 달이 31일을 넘어간다면 무엇을 잃게 될지 짐작하기 어려웠다. 좋은 점 하나는 있다. 1주일의 27퍼센트가 무엇인지 헤맸던 사례를 떠올려보라. 10진법 1주의 경우 총 100시간이므로, 종이, 연필, 계산기 없이도 27시간이라는 답을 얻을 수 있다.

1년이라는 고정된 실체는 없다

1년 365일을 십 단위로 구성한다고 생각해보라. 시간을 짧게 하면 1,000일, 길게 하면 100일로도 할 수 있고, 500일로도 시도할 수 있을 것이다. 초에서 달까지를 십 단위로 구성하려면 약간의 독창성과 새로운 것을 시도해보려는 의지로 충분했다. 하지만 1년을 십 단위로 설정하는 문제는 독창성만으로는 부족하다. 우리의 다음 과제는 연 단위가 어떻게 분, 일, 주와 다른지 이해하는 것에서 출발한다.

"자연이라는 위대한 책은 수학이라는 언어로 쓰여 있다." 갈릴레오의 이 말처럼, 자연의 무수한 법칙은 수학에 바탕을 두고 있다. 뉴턴, 케플러, 아인슈타인은 우아한 방정식으로 이를 정리했다. 지진이나 사이클론과 같은 현상을 비롯해, 이 세상이 움직이는 원리는 숫자로 설명할 수 있다. ● 원주율 또한 그러한 숫자에 해당한다. 이 시대의 지식으로는 원주율은 3.141592…로 영원히 진행한다. 원주율의 발견은 대단한 돌파구였다. 인간은 원주율을 발견하면서 원의 넓이나 구의 부피를 계산할 수 있었다. 여기 또 다른 대자연의 숫자가 존재한다. 365.2422…. 이 숫자는 지구가 태양을 한 바퀴 도는 데 걸리는 일자로, 자연의 기본적인 작동은 대부분 여기에 걸려 있다. 이 기간은 확고한 사실이며, 사람들은 이를 받아들일 수밖에 없다. (소수점 네 자리 이상은 무시해도 무리 없이 분석할 수 있다.)

365.2422는 100과 같은 십진화된 숫자로 치환할 수 없다. 따라서 우리는 자연의 1년/365일 체계를 받아들이고, 여기에 맞춰 살아왔다. 물론 곤혹스러운 부분은 딱 떨어지지 않는 0.2422일이다.

우리가 얼마나 자연에 맞춰서 살아가고 있는지 보여주기 위해, 나는 100년도 넘은 신문 2부를 준비했다. 하루 차이로 인쇄된 이 두 신문지

● 수학자들은 '자연수'를 활용해 모호한 것들을 풀어내며, 유리수나 허수, 때로는 친화수를 활용하기도 한다.

를 살펴보면, 뭔가 이상한 점을 알 수 있다. 날짜를 보면 수요일이 2월 28일이고 목요일은 3월 1일로 되어 있다. 연도는 1900년이다. 한동안 학생들은 질문의 취지를 이해하지 못했다. 나는 있는 것 말고 '없는 것'을 찾아보라고 말했다. 그제야 학생들은 뭔가를 깨달았다. 2월 29일이 없었던 것이다. 그렇다면 1900년이 윤년이 아니었을까? 2000년은 윤년이 확실했다.

우리에게 익숙한 윤년으로는, 4년 주기로 2월 29일을 집어넣어 매년 1/4일을 추가한다. 따라서 4년이 한 단위가 되며, 한 해는 평균 365.25일이 되는 것이다. 하지만 이는 365.2422일보다 살짝 짧으며, 이 정도의 오차는 받아들이는 수밖에 없다. 대부분 사람이 모르는 것은 우리가 400년 동안 2월 29일을 일부러 세 번 빠뜨려서 이러한 오차를 보정했다는 사실이다. 2000년에는 2월 29일이 분명히 있었다. 하지만 1700년, 1800년, 1900년에는 없었다. 그리고 2100년, 2200년, 2300년에도 없을 것이다. 이처럼 인간은 시간의 일부 요소(초, 분, 시간, 일, 주, 달)를 원하는 대로 규정할 수 있다. 하지만 1년을 구성하는 일자의 개수는 우주가 정해주며, 우리는 이 규칙을 확인하고 따라야 한다.

웨스트버지니아의 정확한 크기

미국의 통계요약집은 웨스트버지니아의 전체 면적(호수와 강을 포함)이 24,230제곱마일(약 62,756km², 강원도와 전라도, 경상도를 합친 면적과 비슷하다 —

편집자)이라고 밝힌다. 하지만 지도를 보라. 대부분 경계는 강으로 이루어진 탓에 구불구불하다. 그렇다면 어떻게 이토록 불규칙한 면적을 정확히 측정할 수 있을까? (개별 카운티의 면적을 합산하는 것만으로는 부족하다. 카운티의 경계 또한 불규칙하기 때문이다.) 24,230제곱마일은 위성사진이나 전자 설비가 개발되기 전부터 100여 년 이상 이 지역의 공식 면적으로 자리 잡았다.

여기에 소개하는 지도는 어떻게 그러한 작업이 가능했는지를 보여준다. 웨스트버지니아의 경계 안쪽을 지도가 인쇄된 직사각형 페이지의 전체 면적과 비교하면 된다.

지도의 축척을 활용해 인치를 마일로 환산하면, 전체 직사각형 면적

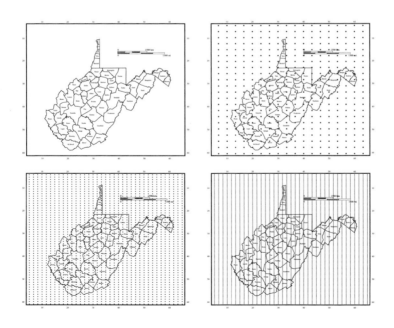

을 제곱마일 단위로 계산할 수 있다. 이렇게 정리한 다음, 웨스트버지니아가 전체 직사각형에서 차지하는 비율을 알아보아야 한다.

문서 편집 프로그램에서 검정 동그라미 기호를 찾아보라. 직사각형 지도 용지와 같은 크기의 도화지에 검정 동그라미를 일정한 간격으로 그려 넣는다. 지도 용지와 검정 동그라미 용지를 겹치면 지도 전체에 검정 동그라미를 뿌린 것처럼 나타난다(용지함에 한 번 인쇄한 용지를 다시 넣고 인쇄한다. 이 과정에서 몇 번의 시행착오가 필요하다). 이제 제일 어려운 작업이 남아 있다.

나는 학생들에게 웨스트버지니아 경계선 안쪽으로 몇 개의 동그라미가 있는지 세어보라고 주문했다. 경계선 위에 걸친 동그라미 또한 합산해야 했다. 학생들이 센 숫자는 서로 거의 비슷해서 각기 센 숫자를 평균하기로 했다. 이 숫자와 전체 종이에 찍힌 동그라미 수를 비교해 비율을 계산하고, 전체 종이 면적에 이 비율을 곱하면 웨스트버지니아의 면적을 대략 산정할 수 있다. 동그라미 배열을 사용할 경우 전체 종이는 450개, 웨스트버지니아는 119개로 웨스트버지니아의 면적이 대략 26,444제곱마일로 계산된다. 이 값은 공식 수치와 8.8퍼센트 정도 차이가 난다.

이제 동그라미의 간격이 조밀한 다른 지도로 작업해보자. 전체 종이의 동그라미 개수는 1,995개이고, 웨스트버지니아의 동그라미 개수는 평균 528개다. 제곱마일로 환산하면 웨스트버지니아는 25,132평방마일로 공식 수치에서 3.7퍼센트 차이가 난다. 세 번째 지도를 본 학생들의 입에서는 한숨이 터져 나왔다. 동그라미가 너무 많아 셀 엄두가 나지 않을 정도였다. 거의 동그라미 사이 간격이 없는 수준이었다. 이 지도를 적용해 보니 전체 종이는 3,255개, 웨스트버지니아는 866개였다. 이를 환산하면 웨스트버지니아는 24,018제곱마일로, 공식 수치에 0.9퍼센트 미달했다.

더 많은 동그라미를 욱여넣을수록 더 많은 공간 정보를 반영하며 실제 면적에 근접했다. 마치 곡선 그래프의 아래 면적을 적분하는 것과 비슷했다. 이러한 방식은 웨스트버지니아를 평평하다고 가정한 결과다. 하지만 웨스트버지니아에는 산이 많다. 따라서 나는 학생들의 흥미를 꺼뜨리지 않기 위해 3차원 지역은 어떻게 계산할 것인지에 대한 여지를 남겨두며 수업을 마쳤다.

득표수와 의석수가 다른 이유

2012년, 18개 선거구에 퍼진 펜실베이니아주 시민 5,556,330명은 하원 의원 선거에 투표했다. 개표함을 열어 보니 50.3퍼센트는 민주당 후보에, 48.7퍼센트는 공화당 후보에 투표했다(나머지는 다른 정당에 투표했다).

그런데 득표수를 실제 결과와 비교하면, 공화당 후보가 18석 중 13석(72퍼센트)을 가져간 것으로 나타난다. 나는 학생들에게 이렇게 물어보았다. 득표율은 과반 미만이면서, 어떻게 이토록 많은 의석을 차지할 수 있었을까?

나는 하원 웹사이트에 게시된 다음 페이지의 표를 학생들에게 보여주었다. 이 자료는 말 그대로 '원' 자료다. 어떤 해석도, 설명도 없이 각 지역구의 투표 결과를 보여준다. 학생들은 36명의 주요 후보와 4명의 군소후보가 경합한 산술적 수치를 바탕으로 각 선거별 비율을 계산하고, 비율과 득표수를 바탕으로 어떻게 공화당 후보들이 그렇게 많은 의석을 가져갔는지 설명해야 했다. 학생들은 지역구를 그린 지도를 확인하는 동시에 위키피디아에서 '게리맨더링' 항목을 읽어보았다.

강의실에 배포한 유인물을 보면 선거에서 이긴 13명의 공화당 후보는 평균적으로 지역구 투표수의 59퍼센트를 득표했다. 달리 말하면, 꽤 여유 있게 이겼지만, 압도적으로 이기지는 못한 것이다. 하지만 5명의 민주당 후보들은 평균 76퍼센트를 득표해 승리에 필요한 득표수를 훌쩍 뛰어넘었다. 따라서 민주당 후보가 받은 표는 '낭비된' 것이다. 말하자면, 그들이 다른 지역구에서 출마했다면 다른 동료 후보들이 더 많은 표를 얻도록 일조했을 것이다.

이러한 불균형을 강조하는 두 가지 통계가 더 있다. 모든 지역구를 종합하면, 공화당 후보들은 평균 181,474표를 얻었지만, 민주당 후보들은 271,970표를 얻었다. 민주당 후보들은 단지 전체 득표수에서 많이 앞선 것뿐 아니라, 필요한 득표수를 훌쩍 뛰어넘었다. 또 다른 숫자는 공화당 후보를 지지한 표 가운데 87퍼센트가 후보자의 승리에 이바지했다는 사실이다. 반면 민주당 후보를 지지한 표가 후보의 승리에 이바지한 비율은 49퍼센트에 그쳤다. 두말할 필요가 없겠지만, 이러한 결과를 가져온 선거구는 2010년에 공화당이 입법했다. 이론과 서류상으

PENNSYLVANIA

FOR PRESIDENTIAL ELECTORS

Republican	2,680,434
Democratic	2,990,274
Libertarian	49,991
Green	21,341

FOR UNITED STATES SENATOR

Tom Smith, Republican	2,509,132
Robert P. Casey, Jr., Democrat	3,021,364
Rayburn Douglas Smith, Libertarian	96,926

FOR UNITED STATES REPRESENTATIVE

1. John Featherman, Republican — 41,708
Robert A. Brady, Democrat — 235,394

2. Robert Allen Mansfield, Jr., Republican — 33,381
Chaka Fattah, Democrat — 318,176
James Foster, Independent — 4,829

3. Mike Kelly, Republican — 165,826
Missa Eaton, Democrat — 123,933
Steven Porter, Independent — 12,755

4. Scott Perry, Republican — 181,603
Harry Perkinson, Democrat — 104,643
Wayne W. Wolff, Independent — 11,524
Michael Bryant Koffenberger, Libertarian — 6,210

5. Glenn Thompson, Republican — 177,740
Charles Dumas, Democrat — 104,725

6. Jim Gerlach, Republican — 191,725
Manan M. Trivedi, Democrat — 143,803

7. Patrick Meehan, Republican — 209,942
George Badey, Democrat — 143,509

8. Michael G. Fitzpatrick, Republican — 199,379
Kathy Boockvar, Democrat — 152,859

9. Bill Shuster, Republican — 169,177
Karen Ramsburg, Democrat — 105,128

10. Tom Marino, Republican — 179,563
Philip Scollo, Democrat — 94,227

11. Lou Barletta, Republican — 166,967
Gene Stilp, Democrat — 118,231

12. Keith J. Rothfus, Republican — 175,352
Mark S. Critz, Democrat — 163,589

13. Joseph James Rooney, Republican — 93,918
Allyson Y. Schwartz, Democrat — 209,901

14. Hans Lessmann, Republican — 75,702
Michael F. Doyle, Democrat — 251,932

15. Charles W. Dent, Republican — 168,960
Rick Daugherty, Democrat — 128,764

16. Joseph R. Pitts, Republican — 156,192
Aryanna C. Strader, Democrat — 111,185
John A. Murphy, Independent — 12,250
James F. Bednarski, Bednarski for Congress — 5,154

17. Laureen A. Cummings, Republican — 106,208
Matthew A. Cartwright, Democrat — 161,393

18. Tim Murphy, Republican — 216,727
Larry Maggi, Democrat — 122,146

로는 한 표의 가치는 모두 같다. 하지만 실제로는 기초적인 산수를 활용한 게리맨더링이 한 표의 가치를 뒤바꾼다.

간접적으로 원주율 확인하기

원주율은 인류 역사상 가장 놀라운 발견 중 하나라고 할 수 있다. 누군가가 발명하거나 창조한 것이 아니라 '발견했다'고 표현한 사실을 주목하라. 원주율은 자연의 숫자이며, 늘 그 자체로 존재한다. 달리 말하면, 원주율은 지구의 원소처럼 발견되기만을 기다리며 늘 그 자리에 있었다. 실제로 고대 바빌로니아 사람들은 원주율을 3.125로 상당히 근접하게 가늠했다. 초기 이집트인은 이 값을 3.16049로 산정했다. 원주율을 알면 달리 풀지 못할 과제를 아주 간단히 풀 수 있고, 원의 면적, 오렌지의 부피, 원추형 모자의 표면과 같은 둥그런 공간을 측정할 수 있다. 어쨌건, 이러한 부피나 면적은 테이프나 자로는 측정할 수 없다.

나는 학생들에게 원주율을 어떻게 유도하는지 알려주었다. 우리는 리버스엔지니어링reverse engineering에서 쓰는 방법을 활용했다. 리버스엔지니어링이란 예컨대 렉서스가 메르세데스 벤츠 최신형에 시장을 빼앗겼다면, 경쟁사의 차가 어떻게 구성되었는지 알기 위해 세심하게 분해하는 과정을 의미한다. 우리는 역수리 능력을 활용해 해답을 찾기 시작했고, 어떻게, 왜 이러한 결과 값이 나왔는지를 되짚어보았다.

원주율을 알면 원의 둘레(원주율×지름)를 계산할 수 있다. 원주율을 모른다 해도, 원의 둘레를 지름으로 나눠 원주율을 계산할 수 있다.

우선 빵집을 찾아가 케이크를 담는 납작한 마분지 접시를 구한다. 아마 지름이 10인치(약 25.4센티미터) 정도일 것이다. 그다음으로, 충분한 길이의 실로 접시의 둘레를 두른다. 실을 테이프로 고정하고, 실이 끝나는 부분을 정확히 찾아 잘라낸다. 이제 테이프를 뗀 다음 실을 반듯이 펴고 자로 실의 길이를 측정한다. 이 실의 길이가 접시의 둘레에 해당한다.

다음으로, 접시의 둘레를 접시의 지름으로 나눈다. 3.14라는 숫자가 나오는가? 수업에서 학생들이 계산한 결과는 3.19로 약간 오차가 있었다. (오차를 줄이려면 실을 팽팽하게 꽉 붙여야 한다.) 이제, 원주율을 몰랐다 하더라도 스스로 유도하거나 최소한 비슷한 값을 도출했다고 말할 수 있다.

3차원 물체를 원주율로 계산하기는 어렵다. 가령 내 책상 위에 수프 캔이 있다고 생각해보자. 캔의 라벨에 적힌 내용물의 중량은 11¼온스 또는 319그램이다. 우리는 이 캔을 비워서 내용물의 무게를 측정해 이 라벨의 진위를 확인할 수 있다.

하지만 캔의 내부 부피를 세제곱인치나 세제곱센티미터로 계산한다고 생각해보자. 여기에서 우리는 원주율을 활용해야 한다. 자로 재보면 캔 밑바닥의 반지름은 2.15인치(약 5.5센티미터)이며, 높이는 3.75인치(약 9.5센티미터)다. 원통의 부피를 구하는 공식은 $\pi r^2 h$다. 따라서 우리는 밑바닥 반지름 2.15인치를 제곱하고, 이 값에 높이를 곱하고, 다시 이 값에 원주율 3.14를 곱하면 54.4세제곱인치(약 0.9리터)라는 부피를 얻을 수 있다. 이렇게 계산한 부피는 거의 실제 부피에 근접하지만, 왜 우리가 이 결과 값을 신뢰하는지 되물어볼 수는 있다. 우리가 관념적으로 의지하는 원주율은 원통의 부피 계산 과정을 친절하게 설명해주지 않기 때문이다.

우리는 다음과 같은 방법을 시도했다. 학생들은 뚜껑이 열린 빈 원통과 직육면체 상자를 강의실에 가져왔다. 플라스틱, 나무, 철, 어떤 재질이든 무방했지만, 단단히 만든 상자가 아니면 곤란했다. 나는 자 몇 개와 검은색 액체가 담긴 피처를 가져왔고, 학생들이 가져온 캔에 액체를 가득 부었다.

그런 다음 학생들은 캔에 담긴 액체를 그들이 가져온 상자에 부었다. 그리고 자를 활용해 각 상자의 너비와 길이를 측정했다. 그들은 이 작업이 끝나자 자를 액체에 담근 다음, 어디까지 채워지는지 보며 깊이를 측정했다. 이 세 변을 곱한 수치를 원주율을 이용해 도출한 원통의 부피와 비교하면 된다. 두 값이 거의 비슷하다는 것은 굳이 말하지 않아도 쉽게 예상할 수 있다. 하지만 이러한 실험이 원주율의 신뢰성을 '증명'한 것인지, 영원히 풀기 어려운 미스터리 힌트를 얻은 것에 불과한지는 다음 숙제로 남겨두겠다.

소비자 물가지수와 소비 패턴

미국 노동통계국은 상당수 국민을 표본으로 삼아 그들이 무엇을, 얼마에 구매하는지 조사한다. 이러한 소비자지출실태조사consumer expenditures survey에는 몇 가지 목적이 있다. 우선 '소비자물가지수'로 집약되는 물가의 변화를 추적한다. 소비자물가지수는 인플레이션을 측정하는 공식 지수다. 그다음으로는 사람들이 어디에 돈을 쓰는지 분석한다. 예컨대 1973년과 2013년 사이에 식비는 33.2퍼센트 떨어졌고, 교육비는 69.2퍼센트 올랐다. 이러한 통계는 매우 중요한 정보를 포함한다. 모든 사람이 교육비가 오른다는 것을 어렴풋이 짐작하지만, CES는 정확히 얼마나 올랐는지를 말해준다.

모든 공공 기관과 마찬가지로, 미국 노동통계국은 분석을 위해 원본 자료를 추려낸다(앞서 언급한 비율 또한 이렇게 도출했다). 하지만 통계국은 그중에서도 주목할 만한 숫자를 선택한다. 2013년에는 소득 수준에 따라 구매 패턴을 분류했다. 이 사례에서는 미국의 가구를 같은 크기의 5개 계층으로 구분했다. 그렇게 해서 최하층 가구의 소비 패턴을 최상층 가구의 소비 패턴과 비교할 수 있었다.

다음 페이지의 표는 기본적인 자료들을 보여준다. 최하층 가구는 소득의 56.3퍼센트를 식비와 주거비에 소비하는 반면, 최상층 가구는 42.4퍼센트만을 소비한다. 그 결과, 최상층 가구는 자동차에 더 많은 돈을 쓸 수 있다. 두 계층은 옷과 술을 사는 데 거의 같은 비율의 소득을 소비하지만, 최하층 가구는 병원비와 담뱃값을 더욱 높은 비율로 소비한다(담뱃값이 병원비에 영향을 미칠 수도 있다).

물론, 사람들의 취향과 입맛을 숫자로만 표현할 수는 없다. 따라서 다음 단계로 통계 이면에 놓인 현실을 알아보아야 한다. 22,393불의 삶과 99,257불의 삶을 일률적으로 비교하기는 어렵다. 여기에서 한 학생

구매 패턴: 상류층과 하류층

가구 분류	최하층 20퍼센트	최상층 20퍼센트
평균 지출	22,393불	99,257불
가구당 인원	1.7명	3.2명
소득자	0.5명	2.1명
자동차	0.9대	2.8대
지출 구성		
음식	16.3퍼센트	11.3퍼센트
주거 관련	40퍼센트	31.1퍼센트
의류	3.2퍼센트	3.1퍼센트
건강/의료	8.0퍼센트	5.4퍼센트
생활용품	1.2퍼센트	3.0퍼센트
오락	4.5퍼센트	5.4퍼센트
교육	3.7퍼센트	3.0퍼센트
교통 관련	3.8퍼센트	6.9퍼센트
알코올	0.8퍼센트	0.9퍼센트
담배	1.3퍼센트	0.3퍼센트
기부	2.6퍼센트	4.2퍼센트
은퇴 준비	1.6퍼센트	14.8퍼센트
기타	14.0퍼센트	12.0퍼센트

은 최상위층의 가구 당 인원이 최하위층 가구 당 인원보다 두 배 가까이 많다는 사실을 지적했다. 그래서 우리는 각 가구당 구성 인원의 통계를 가져온 다음, 소비율을 실제 금전 소비액으로 환산하고 이를 1.7과 3.2로 나눠 인당 지출액을 계산했다. 이렇게 계산해 보니 3,650불과 11,216불로 산정된 가구당 식비는 개인당 2,150불과 3,495불로 산정

되었다. 소득 격차를 우려하는 사람들은 저소득이 실생활에 어떤 영향을 끼치는지 짐작할 수 있다. 공공 기관과 민간 기관에서 나온 숫자로 연습해보니, 경제적 불평등과 사회적 불평등의 실체를 더욱 명확히 파악할 수 있었다. 인종, 성별, 국적이 빈부에 얼마나 영향을 미치는지가 환히 드러났다. 여론 조사 또한 왜 일부 조건은 지속하고, 사회적 태도는 어떻게 변화하는지를 설명한다. 모든 것을 통계로 설명할 수는 없지만, 적어도 논의를 시작하도록 유도할 수는 있다.

국가 간 비교 자료 해석하기

숫자는 정확성이 장점이다. 앞서 살핀 바처럼, 통계의 신뢰성만 보장된다면 '대부분'이라는 표현보다는 '72.4퍼센트'라는 수치가 더욱 바람직하다. 잘 제시한 숫자는 구매 패턴처럼 일정한 스토리도 알아낼 수 있고, 윤리적 판단도 유도할 수 있다. 여기, 그러한 사례를 소개한다.

설문 조사를 보면 대부분 미국인은 미국이 세계 제일의 국가라고 생각한다(물론, 이렇게 생각하는 사람들이 과거보다 줄어든 것은 사실이다). 하지만 이러한 정서를 사실로 뒷받침할 수 있을까? 노르웨이와 미국을 선택해 비교해보자. 노르웨이는 국토 면적이 작은 대신, 여러 면에서 동질성이 두드러진다. 하지만 이러한 특징이 삶의 질에 어떤 영향을 미치는지는 불분명하다. 학생들은 인터넷을 활용해 UN, CIA, OECD로부터 통계 자료를 수집했다. 다음 표는 그들이 찾은 지표들을 보여준다. 우선 각 요소가 어떻게 서로 연관되어 있는지를 논의할 수 있다. 예컨대, 아동의 삶이 얼마나 빈곤했는지를 조사하면 범죄자로 인생을 마감하는 사람 숫자를 예측할 수 있을까? 비만율은 의료비 지출에 어떤 영향을 끼칠까? 두 국가 모두 국민의 뜻을 받드는 민주국가인데, 왜 이토록 세율의 차이가 큰 것일까?

두 나라 통계 수치 비교

미국		노르웨이
29,100불	평균 가계 소득	32,000불
4.1퍼센트	GDP에서 국방비가 차지하는 비율	1.9퍼센트
26퍼센트	GDP에서 세금이 차지하는 비율	43퍼센트
1,824시간	연간 근로시간	1,363시간
33.8퍼센트	성인 비만율	10.0퍼센트
17퍼센트	빈곤 아동층 비율	3퍼센트
765대	1,000명당 자동차 대수	494대
16퍼센트	GDP에서 의료비가 차지하는 비율	9퍼센트
12퍼센트	외국인 비율	8퍼센트
715명	인구 십만 명당 수감자 수	64명
106명	인구 백만 명당 교통사고 사망자 수	43명
0.410	소득 불평등 지수●	0.260

● 지수가 높을수록 소득 불평등이 심하다. 모든 사람이 동일한 소득을 올리는 경우 0.000이다.

왜 이 표를 선택했는가?

전화기를 보유한 미국의 가구 비율을 조사해 보고서를 작성한다고 가정해보라(휴대전화와 집 전화 모두 포함한다). 우선 각 주의 전화기 보유자를 조사한 다음, 코네티컷주와 아칸소주를 비교한다. 그다음으로 분석 결과를 그림으로 보여주기 위해 다음 표를 삽입한다. 이제 A와 B 둘 가운데 하나를 선택해야 한다. 어떤 것이 최선의 선택이라고 생각하는가?

- 왜 A 또는 B를 선택했는지 설명하라.
- 이것이 저것보다 더욱 정확하거나 객관적이라고 보았는가? 여기에 '편견'이 작동했다면, 그것이 무엇인지 설명하라.

전화기 보유 가구 비교: 코네티컷주와 아칸소주

조사 결과: 코네티컷(98.9퍼센트), 아칸소(94.6퍼센트)

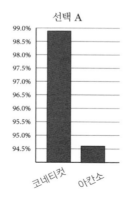

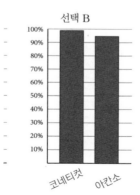

- 이 보고서를 읽는 독자가 어떤 반응을 보이길 바라는가?

94.6퍼센트와 98.9퍼센트 사이의 구간을 넓게 표시하고 싶은가, 좁게 표시하고 싶은가? 아칸소의 94.6퍼센트는 코네티컷의 98.9퍼센트에 근접한 것으로 보이는가, 현저한 차이를 지닌 것으로 보이는가? 둘 중 하나로 마음이 쏠릴 만한 정치적 동기는 무엇인가? 일정한 역량을 갖추면 수리력과 계량적 추론 능력을 키울 수 있다. 하지만 숫자에 익숙한 것만으로 보고서가 나오는 것은 아니다. 숫자를 갖고 무엇을 하고 싶은지, 제3자가 이 숫자를 보고 어떤 반응을 보일 것인지도 또한 보고서의 완성에 영향을 미친다. 여기에는 윤리와 지성이 결부되며, 내 수업 계획표에는 이 모든 요소가 녹아 있다.

글을 마치며

내 수업은 수학과에서 개설되었지만, 언어학과 수업으로 분류할 수도 있다. 학생들에게 '숫자적으로' 읽고, 말하고, 생각하는 요령을 가르치기 때문이다. 마치 아라비아어나 만다린어를 가르치는 것과 같다. 이러한 맥락에서 숫자의 언어를 배운다면 생각과 숫자를 엮어 자신과 세상에 대한 이해를 넓힐 수 있다.

혹자는 학생들이 이미 이러한 기술을 습득하는 중이라고 할 수도 있다. 그들은 어릴 때부터 산수를 배우며, 고등학교에 가서는 대수학과 삼각법을 배운다. 여기에서 우리는 수학에 대한 뿌리 깊은 미신을 생각해보아야 한다. 노르웨이, 펜실베이니아, 웨스트버지니아의 지리와 주민 분포를 이해하려면 방위각과 점근선을 공부해야 한다는 믿음이 지배하고 있다. (실제로는 그 어떤 수학 교육 과정도 이러한 분석을 다루지 않는다.) 나는 이 정도의 작업은 산수만 정확히 배우면 충분하다고 생각한다. STEM 분야의 다수 직업도 산수만 알면 충분히 수행할 수 있다.

미국에 산적한 많은 문제를 해결하고자 모든 국민에게 어려운 수학을 공부하라고 요구하는 일은 합당한 해결책이 아니다. 결산서를 확정하기 전에 숨은 학자금 비용을 계산하는 것처럼, 산수 능력을 키우는 정도로도 꽤 많은 문제를 해결할 수 있다. 이민자들이 얼마나 국가 경제에 이바지하는지, 세금이 의욕을 꺾는지, 운동과 다이어트가 체중 감소에 각기 어떤 역할을 담당하는지 등도 알아낼 수 있다. 윌리엄 제임스가 말한 "윙윙거리며 피어오르는 혼란"이 우리 주변을 감싸고 있다. 이러한 현실을 더욱 잘 이해하려면 현상을 믿을 만한 숫자로 뒷받침해야 한다. 이를 위해서는 숫자들이 어디에서 나오고 어떻게 이 숫자를 유도했는지, 숫자 이면에 숨은 안건이 있는지를 알아야 한다. 한편, 미국인이 외국인보다 박식함과 기민함이 떨어진다는 불편한 진실도 인정해야 한다. 재량적 감각을 키우는 것은 이러한 문제 해결을 위한 유익한 첫걸음이다.

1장 _ 거대한 착각

1. Michael S. Teitelbaum, *Falling Behind?* (Princeton University Press, 2014), pp. 173-74

2. *The Gathering Storm,* National Academy of Sciences (2006)

3. *Tough Choices or Tough Times:* National Center on Education and the Economy (2007)

4. *Before It's Too Late:* National Commission on Mathematics and Science Teaching for the 21st Century (2000)

5. Business Roundtable, *Tapping America's Potential* (July 2005)

6. President's Council of Advisors on Science and Technology, *Engage to Excel* (February 2012)

7. Eric Hanushek, et al, "Education and Economic Growth," *Education Next,* Spring 2008

8. American Diploma Project, Achieve, Inc. (November 2009)

9. Charles Mackay's book is still in print (Dover, 2003)

10. "Is Algebra Necessary?" *New York Times,* July 29, 2012

11. *Public School Graduates and Drop-outs,* National Center for Education Statistics (2013)

12. Peter Braunfeld, interview

13. Numeracy Proficiency Among Adults, *OECD Skills Outlook* (2013)

14. John Allen Paulos, *Innumercy* (Hill and Wang, 1988)

15. Anthony Carnevale and Donna Desrochers, "The Democratization of Mathematics," in Bernard Madison and Lynn Arthur Steen, *Quantitative Literacy* (National Council on Education and the Disciplines, 2003)

16. Paul Lockhart, *A Mathematician's Lament* (Bellevue Literary Press, 2009)

17. Robert Moses and Charles Cobb, *Radical Equations: Civil Rights from Mississippi to the Algebra Project* (Beacon Press, 2001)

18. Eric Cooper, "The Next Revolution in Black Achievement," *Huffington Post* (March 27, 2015)

19. Greg Duncan, EdSource, edsource.org/2013

2장 _무엇을 위해 수학을 공부하는가

1. John Merrow, "A Harsh Reality," *New York Times,* April 22, 2007

2. Ginia Bellafante, "Community College Students Face a Very Long Road," *New York Times,* October 3, 2014

3. *Education at a Glance*, OECD Indicators 2013

4. *Education at a Glance*, OECD Indicators 2013

5. Lynn Arthur Steen, "How Mathematics Counts," *Educational Leadership* (November 2007)

6. Jo Boaler, *What's Math Got to Do With It?* (Penguin, 2015), p. xxii

7. *Digest of Education Statistics,* National Center for Education Statistics (2013)

8. Shirley Bagwell, "Mathematics Education Dialogues," National Council of Teachers of Mathematics, April 2002

9. Teresa George, "Requiring Algebra II in High School Gains Momentum," *Washington Post,* January 4, 2011

10. Gerald Bracey, "The Malevolent Tyranny of Algebra," *Education Week,* October 25, 2000

11. Robert Balfanz and Nettie Legters, *Locating the Dropout Crisis,* Johns Hopkins Center for Research on the Education of Students Placed at Risk (2004)

12. David Silver, Marisa Sanders, and Estola Zarate, *What Factors Predict High School Graduation in the Los Angeles Unified School District,* California Drop-Out Research Project (2008)

13. *End-of-Course Exams,* Education Commission of the States (March 2012)

14. Joseph Rosenstein, "Algebra II + All High Schoolers = Overkill," *Newark Star-Ledger,* April 29, 2008

15. David Kirp, "Closing the Math Gap for Boys," *New York Times,* February 1, 2015

16. Colleen Oppenzato, interview

17. *Evaluation of the K–8 Mathematics Program, Pelham Public School District,* Rutgers University Graduate School of Education (June 2012)

18. *Graduates with UC/USC Required Courses,* Statewide Graduation Numbers

19. Anthony Carnevale and Donna Desrochers, "The Democratization of Mathematics," in Bernard Madison and Lynn Arthur Steen, *Quantitative Literacy* (National Council on Education and the Disciplines, 2003)

20. *Bridging the Higher Education Divide,* Century Foundation (2013)

21. Paul Tough, "Who Gets to Graduate?" *New York Times Magazine,* May 18, 2014

22. Debra Blum, "Getting Students Through Remedial Math," *Chronicle of Higher Education,* October 26, 2007

23. Tennessee Colleges: 70% 'Need' Math Remedial," *Education Week,* February 19, 2014

24. *Remediation: Higher Education's Bridge to Nowhere,* Complete College America (2012)

25. *What Does It Really Mean to Be College and Work Ready?,* National Center on Education and the Economy (2013)

26. Marc Tucker, email

27. Lynn Arthur Steen, in Bernard L. Madison and Lynn Arthur Steen, *Quantitative Literacy* (National Council of Education and the Disciplines, 2003).

28. Bureau of the Census, *Educational Attainment* (2014)

29. *Creating the Conditions for CUNY Students to Succeed,* City University of New York Retention Task Force (2006)

30. *High School and Beyond Transcript Study:* 1981-1993, Institute on Postsecondary Education (1999)

31. Suzanne Wilson, *California Dreaming* (Yale University Press, 2003).

32. Kevin Birth, interview

33. *The Best 379 Colleges* (Princeton Review, 2014)

34. *Barron's Profiles of American Colleges* (2013)

3장 _배관공에게 다항식이 필요한가

1. *Math Works,* American Diploma Project, Achieve, Inc. (2009)

2. Thomas Friedman, *The World Is Flat* (Farrar, Straus & Giroux, 2005)

3. Cathy Seeley, *News Bulletin,* National Council of Teachers of Mathematics (May–June 2005)

4. "Q&A with Tom Luce," National Math and Science Initiative, *Dallas News,* August 18, 2012

5. Rex Tillerson, "How to Stop the Drop in American Education," *Wall Street Journal,* September 6, 2013

6. Bureau of Labor Statistics, *Occupational Outlook Handbook* (2014)

7. Anthony Carnevale, Nichole Smith, and Jeff Strohl, *Help Wanted: Projections of Jobs and Education Requirements Through 2018* (Georgetown University Center on Education and the Workforce, 2010)

8. Joseph Stiglitz, interview

9. "Community Colleges Respond to Demand for STEM Graduates," *Chronicle of Higher Education,* February 15, 2013

10. "Microsoft to Lay Off Thousands," *New York Times,* July 17, 2014

11. Paul Beaudry et al., *The Great Reversal in the Demand for Skilled and Cognitive Tasks,* National Bureau of Economic Research (2013)

12. Jonathan Rothwell, *The Hidden STEM Economy,* Brookings Institution (June 2013)

13. National Science Board, *Science and Engineering Indicators* (2012)

14. "A College Degree Is No Guarantee," Center for Economic Policy and Research (May 2014)

15. *Math Works,* American Diploma Project, Achieve, Inc. (2009)

16. John Cornyn, quoted in "Texas on the Potomac," *Houston Chronicle,* July 27, 2011

17. Brad Smith, quoted in informationweek.com, September 28, 2012

18. *Engage to Excel,* Report to the President (February 2012)

19. "Skills Don't Pay the Bills, *New York Times,* November 20, 2012

20. www.bls.gov/ooh/about/glossary.htm

21. "Skills Don't Pay the Bills," *New York Times,* November 20, 2012

22. Ibid.

23. *National Talent Strategy: Ideas for Securing U.S. Competitiveness and Economic Growth* (Microsoft, 2012)

24. U.S. Department of Education, *Digest of Education*

25. American Association of Professional Coders, *2011 Salary Survey,* news.aapc.com

26. "If You've Got the Skills, She's Got the Job," *New York Times,* November 19, 2012

27. "What It Takes to Make New College Graduates Employable," *New York Times,* June 28, 2013

28. "Help Wanted," *New York Times,* October 26, 2014

29. *Characteristics of H.1B Specialty Occupation Workers,* U.S. Citizenship and Immigration Services (September 2012)

30. Norman Matloff, "The Adverse Impact of Work Visa Programs on Older U.S. Engineers and Programmers," *California Labor and Employment Law Review* (August 2006)

31. Norman Matloff's H-1B Web page at heather.cs.ucdavis.edu

32. Ross Eisenbrey, "America's Genius Glut," *New York Times,* February 8, 2013

33. Norman Matloff's H-1B Web page at heather.cs.ucdavis.edu

34. *H-1B Visa Program Reforms Are Needed to Minimize the Risks and Costs of Current Program,* General Accounting Office (January 2011)

35. Norman Matloff's H-1B Web page at heather.cs.ucdavis.edu

36. *Foundations for Success,* The National Mathematics Advisory Panel, U.S. Department of

Education (2008)

37. Lynn Arthur Steen, "Teaching Mathematics for Tomorrow's World," *Educational Leadership* (September 1989)

38. Linda Rosen et al., "Quantitative Literacy in the Workplace," in Bernard L. Madison and Lynn Arthur Steen, *Quantitative Literacy* (National Council of Education and the Disciplines, 2003)

39. Mike Snowden, telephone interview

40. John P. Smith, telephone interview

41. Lynn Arthur Steen, "Data, Shapes, Symbols," in Bernard L. Madison and Lynn Arthur Steen, *Quantitative Literacy* (National Council of Education and the Disciplines, 2003)

42. *Math Works*, American Diploma Project, Achieve, Inc. (2009)

4장 _생각만큼 수학은 중요하지 않다

1. "Premedical Course Requirements," *Contemporary Issues in Medical Education* (September 1998)

2. Penny Noyce, "A Concerned Citizen's Perspective," *Mathematics Education Dialogues* (March 1998)

3. Richard Kayne, interview

4. *MCAT Physics and Math Review* (Penguin Random House, 2014)

5. Anthony Carnevale and Donna Desrochers, "The Democratization of Mathematics," in Bernard L. Madison and Lynn Arthur Steen, *Quantitative Literacy* (National Council of Education and the Disciplines, 2003)

6. Thomas McGannon, *Study Guide and Solutions Manual for Exam P of the Society of Actuaries* (Stipes Publishing, 2007)

7. Gabe Frankl-Kahn, interview

8. David Edwards, email

9. College Board website, sample questions from the Graduate Record Examination

10. "How Much Math Do MIT Graduates Use?" *MIT Technology Review* (Summer 2003)

11. Padraig McLoughlen, "Is Mathematics Indispensable?" Mathematical Association of America (January 2010)

12. Sunil Kumar, interview

13. Consolidated Edison, interviews

14. Julie Gainsburg, "The Mathematical Disposition of Structural Engineers," *Journal for Research in Mathematics Education* (November 2007)

15. David Edwards, interview

16. Mitzi Montoya, interview

17. Edward O. Wilson, "Great Scientists Don't Need Math," *Wall Street Journal,* April 5, 2013

18. Tony Chan, "A Time for Change?" in Chris Golde and George Walker, *Envisioning the Future of Doctoral Education* (Josey-Bass, 2006)

19. Avi Loed, interview

20. John Matsui, interview

21. Carl Wieman, interview

22. Joanna Masingila, "Mathematics Practice in Carpet Laying," *Anthropology and Education Quarterly* (March 1994)

23. Stephen Ceci and Jeffrey Liker, "A Day at the Races," *Journal of Experimental Psychology* (June 1986)

24. Tony Wagner, *The Global Achievement Gap* (Basic Books, 2010)

25. *Math Works,* American Diploma Project, Achieve, Inc. (2009)

5장 _성별 격차는 어디에서 오는가

1. Christiane Nüsslein-Volhard, interview

2. Abigail Norfleet James (ed.), *Teaching the Female Brain* (Corwin Press, 2009)

3. Jesse Rothstein, "College Performance Predictions and the SAT," *Journal of Econometrics* (July-August 2004)

4. Meridith Kimball, "A New Perspective on Women's Math Achievement," *Psychological Bulletin* (March 1989)

5. Stephen Ceci and Wendy Williams, *The Mathematics of Sex: How Biology and Society Conspire to Limit Talented Women and Girls* (Oxford University Press, 2010)

6. John Hennessey, Susan Hochfield, and Shirley Tilghman, *Boston Globe,* February 12, 2005

7. Leonard Sax, "In England, Girls Are Closing Gap," *Wall Street Journal,* March 30, 2005

8. U.S. Department of Education, *Digest of Education Statistics* (2013)

9. U.S. Department of Education, *High School Longitudinal Study* (2012)

10. *ACT Profile Report,* Graduating Class 2013.

11. *College-Bound Seniors,* College Board (2013)

12. Leonard Sax, "In England, Girls Are Closing Gap," *Wall Street Journal,* March 30, 2005

13. Howard Wainer and Linda Steinberg, "Sex Differences in Performance on the Mathematics

Section of the Scholastic Aptitude Test," *Harvard Educational Review* (Fall 1992)

14. Ann Gallagher, *Sex Differences in Problem-Solving Strategies,* College Board Report 92-2 (1992)

15. Sylvia Nasar and David Gruber, "Manifold Destiny," *New Yorker,* August 28, 2006

16. Al Baker, "Girls Excel in the Classroom but Lag in Entry to Eight Elite Schools in the City," *New York Times,* March 22, 2013

17. New York City Department of Education, *Specialized High Schools Student Handbook* (2014–2015)

18. National Merit Scholarship Corporation, *Annual Report,* 2012-2013.

19. College Board, "What's on the PSAT/NMSQT?" sample questions

20. "About Our Scholars," National Merit Scholarship Corporation, *Annual Report,* 2012-2013.

21. College Board, *College-Bound Seniors* (2010)

6장 _수학적 추론이 우리의 지성을 높이는가

1. David Eugene Smith, *The Teaching of Elementary Mathematics* (London, 1900), p. 171

2. *A Sourcebook of Applications of School Mathematics,* National Council of Teachers of Mathematics (1980)

3. *Adding It All Up: Helping Children Learn Mathematics,* National Research Council (2001)

4. Alice Crary and W. Stephen Wilson, "The Faulty Logic of the 'Math Wars,' " *New York Times,* June 16, 2013

5. Morris Kline, *Why Johnny Can't Add:* The Failure of the New Math (St. Martin's, 1973)

6. E. D. Hirsch, "Not So Grand a Strategy," *Education Next* (Spring 2003)

7. E. L. Thorndike, "The Influence of First-Year Latin upon Range of English Vocabulary," *School and Society* (January 20, 1923)

8. Peter Johnson, "Does Algebraic Reasoning Enhance Reasoning in General?" *Notices of the AMS* (October 2012)

9. Underwood Dudley, "Is Mathematics Necessary?" National Council of Teachers of Mathematics (March 1998)

10. www.imo-official.org/results.aspx

11. Roger Penrose, *The Road to Reality* (Jonathan Cape, 2004)

12. William James, *Principles of Psychology* (Henry Holt, 1890)

13. Simon Singh, *Fermat's Last Theorem* (Fourth Estate, 1997)

14. Andrew Hacker, "Who Killed Harry Gleason?" *Atlantic Monthly* (December 1974)

15. G.V. Ramanathan, "How Much Math Do We Really Need?" *Washington Post,* October 23, 2010

16. Richard Cohen, "Taking on Algebra," *Washington Post,* July 30, 2012

17. Roger C. Schank, "No, Algebra Isn't Necessary," *Washington Post,* October 3, 2012

7장 _수학 마피아

1. Lynn Arthur Steen, *Achieving Quantitative Literacy* (Mathematical Association of America, 2004)

2. Paul Halmos, "Mathematics as a Creative Art," *Royal Society of Edinburgh Year Book* (1973)

3. Betty Rollins, interview

4. *Foundations for Success,* U.S. Department of Education (2008)

5. S. Stephen Wilson, "The Common Core Math Standards," *Education Next* (Summer 2012)

6. *Understanding Student Success,* American Association of Universities and the Pew Charitable Trusts (April 2003)

7. Morris Kline: *Why Johnny Can't Add:* The Failure of the New Math (St. Martin's, 1973)

8. University of California, Irvine, department of mathematics, press release, August 4, 2005

9. U.S. Department of Education, *Digest of Education Statistics,* 1971 and 2013

10. Peter March, Peter Braunfeld, Sia Wong, interviews

11. College Board, *College-Bound Seniors* (2014)

12. Stephen Montgomery-Smith, quoted in "Colleges More Often Hiring Part-Timers," *St. Louis Post Dispatch,* March 24, 2012

13. Conference Board of the Mathematical Sciences, *AMS Survey of Undergraduate Mathematical Programs* (2012)

14. Clarence Stephens, "A Humanistic Academic Environment for Learning Undergraduate Mathematics," SUNY-Potsdam (undated)

15. Clarence Stephens, position paper, department of mathematics, SUNY-Potsdam (undated)

16. Keith Devlin and Ian Stewart, quoted in "When Even Mathematicians Don't Understand the Math," *New York Times,* May 25, 2004

17. U.S. Department of Education, *Digest of Education Statistics* (2013)

18. *Engage to Excel,* Report to the President of the United States (2012)

19. "Mathematicians' Central Role in Educating the STEM Workforce," *Notices of the AMS* (October 2012)

20. Justin Baeder, "How Much Math Is Too Much?" *Education Week,* July 31, 2012

21. Roger C. Schank, "No, Algebra Isn't Necessary," *Washington Post,* October 3, 2012

8장 _ 누가 커먼 코어를 지지하는가

1. Achieve, Inc., *Math Works*, American Diploma Project (2008)

2. William Kirwan, Timothy White, and Nancy Zimpher, "Use the Common Core," *Chronicle of Higher Education*, June 20, 2014

3. *2010-2011 School Year*, Center for Economic Policy (2012)

4. Edward Glaeser, "Unfounded Fear of Common Core," *Boston Globe*, June 14, 2013

5. Jeff Nelhaus of PARCC, interview

6. David Coleman, interview

7. "Duncan Pushes Back on Attacks on Common Core," U.S. Department of Education press release, June 25, 2013

8. Ibid.

9. Ken Wagner, interview

10. Achieve, Inc., quoted in "Are College and Career Skills Really the Same?" PBS Online, June 14, 2013

11. High School: Number and Quantity Common Core State Standards for Mathematics

12. Andrew Hacker and Claudia Dreifus, "Who's Minding the Schools?" *New York Times*, June 9, 2013

13. Mitchell Chester, quoted in "States Grapple with Setting Common Test-Score Cutoffs," *Education Week*, December 13, 2013

14. "What Do Math Educators Think About the Common Core?" *Education Week*, April 24, 2013

15. "Questions Arise About the Need for Algebra 2 for All," *Education Week*, June 12, 2013

16. Anthony Carnevale, quoted in Dana Goldstein, "The Schoolmaster," *The Atlantic*, October 2012

17. "Common Core in High Schools: New Florida Law Raising Questions," *Education Week*, April 22, 2013

18. "Texas Board Votes to Ax Algebra Graduation Rule," *Education Week*, December 4, 2013

19. "Ohio's Private Schools Fight to Avoid Common Core Exams," *Cleveland Plain Dealer*, May 15, 2014

20. "The Common Core Is Crony Capitalism for Computer Companies," *Reason*, July 14, 2014

21. Kathleen Porter-Magee and Sol Stern, "The Truth About the Common Core," *National Review Online*, April 3, 2013

22. "Jeb Bush Defends Common Core," *Sarasota Herald Tribune*, October 17, 2013

23. "Gov. Bush Stumped by Math Question," *Washington Post*, July 14, 2004

24. "SAT Makeover Aims to Better Reflect Classroom Learning," *Education Week*, March 7, 2014

9장 _ 같은 문제, 다른 관점

1. "This Is Math?" *Time*, August 25, 1997

2. "Subtracting the New Math," *Newsweek,* December 15, 1997

3. "Repetition and Rap," *New York Times,* June 6, 2001

4. "The Hardest 'R,'" *National Review,* June 5, 2000

5. U.S. Department of Education, *Promising Initiatives to Improve Education in Your Community* (February 2000)

6. "Ten Myths About Mathematics Education," www.nychold.com/myths-050504.html

7. Karsten Stueber, letter to *New York Times,* December 10, 2013

8. Simon Singh, *Fermat's Enigma* (Walker, 1997)

9. Camilla Benbow, "Algebra Is Really Worth the Effort," *Nashville Tennessean,* August 15, 2012

10. *Teaching Handbook for the Interactive Mathematics Program,* www.mathimp.org/resources

11. "A Teacher in the Trenches," *New York Times,* April 12, 2000

12. Al Cuoco, "Some Worries About Mathematics Education," *The Mathematics Teacher* (March 1995)

13. International Mathematical Olympiad, www.imo-official.org/results.aspx

14. Sylvia Nasar and David Gruber, "Manifold Destiny," *New Yorker,* August 28, 2006

10장 _ '수학 머리'가 따로 있는가

1. *Tough Choices or Tough* Times, National Center on Education and the Economy (2007)

2. *College-Bound Seniors,* "Intended College Major," College Board (2014)

3. *Mathematics Benchmark Report,* Trends in International Mathematics and Science Study (1999)

4. Howard Gardner, *Frames of Mind* (Basic Books, 1983)

5. U.S Department of Education, *Foundations for Success* (2008)

6. "Dividing Opportunities: Tracking in High School Mathematics," Michigan State University (May 2008)

7. Program for International Student Assessment, Organization for Economic Cooperation and Development (2012)

8. "Japan: A Study of Sustained Excellence," Organization for Economic Cooperation and Development (2010)

9. "Sleep Patterns and School Performance of Korean Adolescents," *Korean Journal of Pediatrics*

(January 2011)

10. Amanda Ripley, *The Smartest Kids in the World* (Simon & Schuster, 2013)

11. Edward Rothstein, "It's Not Just the Numbers," *New York Times,* March 9, 1998

12. G.V. Ramanathan, "How Much Math Do We Really Need?" *Washington Post,* October 23, 2010

11장 _통계 해석에 필요한 상상력

1. *USA Today Snapshots* (Sterling Innovation, 2009)

2. *New York Times,* February 8, 2014

3. John Allen Paulos, *Innumeracy: Mathematical Illiteracy and Its Consequences* (Hill & Wang, 1988)

4. "Who Says Math Has to Be Boring?" *New York Times,* December 7, 2013

5. *National Assessment of Adult Literacy,* National Center for Education Statistics (2003)

6. Deborah Hughes-Hallett, "The Role of Mathematics Courses in the Development of Quantitative Literacy," in Bernard Madison and Lynn Arthur Steen, *Quantitative Literacy* (National Council on Education and the Disciplines, 2003)

7. Edward Frenkel, "Don't Let Economists and Politicians Hack Your Math," *Slate,* February 8, 2013

8. Richard Scheaffer, "Statistics and Quantitative Literacy," in Bernard Madison and Lynn Arthur Steen, *Quantitative Literacy* (National Council on Education and the Disciplines, 2003)

9. Rich Saroi and Rob Gerver, *Quantitative Financial Literacy: Advanced Algebra with Financial Applications* (South Western Cengage Learning, undated)

10. College Board, Advanced Placement (2013)

11. Ibid.

12. *Community College Pathways: 2012-2013 Descriptive Report,* Carnegie Foundation for the Advancement of Teaching (2013)

13. Anthony Bryk and Uri Treisman, "Make Math a Gateway, Not a Gatekeeper," *Chronicle of Higher Education,* April 23, 2010

14. *Guidelines for Assessment and Instruction in Statistics Education,* American Statistical Association (2005)

15. "Pay Lip Service to a Vitally Important Skill," *Harvard Crimson,* September 14, 2006